普通高等教育实验实训规划教材

电力技术类

电工及测量实验指导书

主　编　王灵芝
副主编　单晓红
编　写　袁卫华
主　审　王光福

内 容 提 要

本书为普通高等教育实验实训规划教材（电力技术类）。

本书共分为四大部分。第一部分是电工及电工测量实验的一般知识，主要内容包括电工及电工测量实验的组织程序、实验数据的运算与处理以及电工实验台的简介；第二部分是电工基础实验，共有 16 个实验项目；第三部分是电工测量实验，共有 8 个实验项目；第四部分是设计性实验，共有 3 个实验项目。本书实验项目选择的主要依据是“电工基础”和“电工测量”课程的重点和难点，力求通过实验使学生对重点和难点有更深刻的理解或突破。

本书可作为高职高专院校电力技术类等相关专业教材，也可作为企业岗位培训的参考教材以及电气工程技术人员的参考书。

图书在版编目（CIP）数据

电工及测量实验指导书/王灵芝主编．—北京：中国电力出版社，2010.3（2015.7 重印）

普通高等教育实验实训规划教材．电力技术类

ISBN 978-7-5083-9961-4

Ⅰ.①电… Ⅱ.①王… Ⅲ.①电气测量—基本知识—高等学校—教材 Ⅳ.①TM93

中国版本图书馆 CIP 数据核字（2010）第 001185 号

中国电力出版社出版、发行

（北京市东城区北京站西街 19 号 100005 http://jc.cepp.com.cn）

北京市同江印刷厂印刷

各地新华书店经售

*

2010 年 3 月第一版 2015 年 7 月北京第四次印刷

787 毫米×1092 毫米 16 开本 5.75 印张 137 千字

定价 **9.80** 元

前　言

随着各行各业对高素质技能型专门人才需求的不断增加，近年来我国的高等职业教育越来越重视实践技能的培养。“电工基础”和“电工测量”是电专业的基础课程，更是学习好后续课程的关键课程。而实验课既是学习好两门课程的重要环节，也是培养学生操作技能的重要途径。通过实验，可以使学生在验证理论课上所学的定理、定律和结论等内容的过程中，既加深了对理论知识的理解，又锻炼和培养了学生的实践能力、协作能力，以及良好的工作习惯和严肃认真的工作作风。本书就是根据高职高专的培养目标以及教学大纲编写而成，是与理论教学相配套的实验教材。

本书共分为四大部分。第一部分是电工及电工测量实验的一般知识，主要内容包括电工及电工测量实验的组织程序、实验数据的运算与处理以及电工实验台的简介；第二部分是电工基础实验，共有 16 个实验项目；第三部分是电工测量实验，共有 8 个实验项目；第四部分是设计性实验，共有 3 个实验项目。本书实验项目的选择主要依据是“电工基础”和“电工测量”两门课程的重点和难点，力求通过实验使学生对重点和难点有更深刻的理解或突破。

本书的特点主要体现在以下几个方面：

(1) 大部分实验内容是基于浙江天煌科技实业有限公司生产的电工实验台编写的，所以在实验设备的备注栏里都标明了挂箱的编号。但是除实验设备外，其他的内容具有普遍性。所以，只要具备实验电路中所需的仪器、仪表和电路元件的实验室，也就是即使不具备浙江天煌科技实业有限公司生产的电工实验台也同样可以使用此书。

(2) 在每一个实验的相关知识部分，既介绍了实验原理，也介绍了与实验相关的一些知识。这样可使学生在预习时，知识更集中、更全面，达到更好的预习效果。

(3) 实验步骤写得较详细，出发点主要基于“电工基础”和“电工测量”两门课程是专业基础课，所以，在培养学生的良好的实验习惯方面也应该有突出体现。

(4) 在每一个实验后面都给出了较多的思考题。一方面，可以使学生在实验前带着问题有针对性地去了解相关知识；另一方面，也可以激发学生的实验兴趣，使学生带着问题做实验，以达到更好的实验目的。

(5) 每一项实验在内容的安排上，主要围绕的是如何更好地达到实验目的，但也考虑了实验的可操作性和课堂的饱满性。这在实验内容和表格的设计方面都有充分体现。

(6) 为了培养学生的综合能力，在实验指导书的最后一部分还编写了 3 个设计性的实验。这 3 个实验以任务书的形式编写，在实验内容中提出实验任务，又在实验要求中提出具体的要求。让学生在任务驱动和规范要求下完成实验设备的选择、实验电路的设计与参数的选择、实验步骤的编写，以及完成实验表格的设计等任务。

本书由保定电力职业技术学院王灵芝担任主编，广西电力职业技术学院单晓红为副主编，保定电力职业技术学院袁卫华为参编。单晓红编写了实验一、四、八、十、十二，袁卫华编写了实验二、三、五、六、九，其余内容及全书的统稿由王灵芝完成。本书由四川机电职业技术学院王光福主审，提出了许多宝贵意见，在此表示衷心感谢。

限于编者水平，书中难免有不妥或疏漏之处，恳请使用本书的师生和读者提出宝贵意见。

编　者

2009 年 12 月

目　录

第一部分　电工及电工测量实验的一般知识

第一节　电工及电工测量实验的组织程序

电工实验的基本任务一方面在于使学生对所学的定理、定律、结论等有更加深刻的认识和理解，另一方面在于培养学生掌握基本的电工仪器仪表的使用方法、接线规则与操作技能。另外，通过实验还可以培养学生严肃认真、一丝不苟、共同协作的工作态度，为后续课实验的顺利开展奠定良好的基础。

为了达到如期的实验效果，现对实验课的组织工作做以下说明：

1. 实验前的准备

实验前应复习与实验内容相关的理论知识，认真阅读实验指导书，对实验目的、实验原理、实验内容、实验步骤、实验注意事项有一个初步的了解。对于设计性的实验还要根据指导书的要求，提前设计好实验电路、实验步骤、实验表格。总之，只有在实验前做好充分的准备工作，才能在实验中做到不盲目、目的性强，也才能取得良好的实验效果。

2. 实验的过程

（1）建立小组，合理分工。在第一次电工实验课之前分好小组，组数多少根据实验台的情况而定，每一组以两人为宜。同组同学在实验过程中应相互配合，共同协作，在接线、操作、记录数据等方面应有明确的分工，以保证实验过程顺畅，记录数据准确、可靠。另外，分工也要注意轮换，以达到全面能力培养的目的。

（2）认真听取老师的讲解。在动手之前，老师都要讲解实验目的、实验原理、实验电路、实验步骤、实验注意事项等，在做好充分预习的基础上，认真听取老师的讲解是实验课得以顺利进行的关键。

（3）选择仪器和仪表。要正确选择本次实验使用的仪器和仪表，合理选择仪表的量程，然后将其按照便于操作、便于正确读数的原则摆放好。

（4）按图接线。根据实验电路图接线时，线路力求简单明了。一般可以按照电路从左到右接线；如果电路较复杂可以先选择一个串联的主回路接线，然后再接并联支路或辅助支路；接线时勿舍近求远；一个接线端子上尽量不超过两根线。另外接线时导线的长度要选择合适，颜色要有区分。特别是在直流电路中电源的正极和电压表、电流表的正极要接红颜色的导线或表笔，负极要接黑颜色的导线或表笔。在交流电路中，零线要用黑颜色或蓝颜色的线，U、V、W 三相应用黄、绿、红颜色的线。

（5）接通电源。接线完毕，首先自查，然后请指导教师检查无误后，方可通电。在通电之前还要检查仪表的量程是否合适，电源是否归零，熟悉仪表刻度和量程的换算。通电后，缓慢调节电源的输出，观察所有仪器、仪表和负载是否正常（如指针正、反向是否超满量程等）。并随时注意有无异常现象出现，如异味、冒烟、发热或打火等现象，如有这些现象发生，应立即切断电源，查找原因并及时处理。

（6）数据和现象的记录和观测。观测并记录实验中的现象和数据是实验过程中最主要的步骤，必须集中精力认真仔细地进行。为保证实验结果正确，接通电源后，先试做一遍。试做时不必仔细读取数据，主要观察各仪表的读数变化情况和出现的现象，可发现仪表量程是否合适，设备操作是否方便、可靠等，若有问题应在正式实验前加以解决。试做无问题后即可开始读取数据。实验数据应记录在表格中，并注明被测量的名称和单位。

(7) 实验结束工作。实验结束后，应先将电源归零再切断电源，待认真检查实验结果没有遗漏和错误后再拆线。将所用仪器设备摆放好，导线整理成束，经老师同意后方可离开实验室。

(8) 撰写实验报告。实验报告是对实验课的全面总结，是根据实测数据和在实验中观察和发现的问题，经过自己分析研究或分析讨论后写出的心得体会。实验报告应写在统一规格的报告纸上，字迹要清楚、图表要整洁、结论要明确。每次实验后，每人独立完成一份实验报告，按时送交指导教师批阅。实验报告包括以下内容：

1) 实验名称、专业班级、学号、姓名、实验日期等。

2) 实验目的。

3) 实验电路。

4) 实验步骤。

5) 实验数据。

6) 问题与心得。

“问题与心得”是实验指导书中每一个实验项目中所列的最后一项内容，要求回答所提问题，还可以根据自己在实验中观察到的现象和收获写出自己的心得体会。

第二节 实验数据的运算与处理

在读取实验数据时，测量仪表的指针不一定恰好指在表盘刻度线上，这就需要估计读数的最后一位数。这位数字就是所谓存疑数字，如 $I=13.1$mA，最后一位数字 1 就是含有误差的存疑数字，其他的为可靠数字。即使是数字仪表，其最后一位数也是存疑数字。

可靠数字和存疑数字就构成了有效数字。有效数字的定义是：一个数据从左边第一个非零数字算起至后面含有误差的一位止，其间所有数码均为有效数字。有效数字的位数表征着近似值的准确程度，有效位数越少，其误差越大；反之，有效位数越多，其误差越小。如 1.1 和 1.10 的有效位数不一样，1.1 中含有误差的数字在小数点后面的“1”上，1.10 中含有误差的数字在小数点后面的“0”上，所以 1.10 比 1.1 准确。

“0”在数字之间或数字末尾均算作有效数字，但“0”在第一个非零数字之前不能算作有效数字。如 3.05 和 3.50 都是三位有效数字，而 0.35 只是两位有效数字。这里 3.50 中的末位数“0”是不能省略的。

采用不同乘幂仅改变数据的单位，而不改变其准确度。如：23mm 和 0.023m 和 23×10^{-3}m，这几个数的有效数字的位数一样多，其准确程度是一样的。而 23m 和 2300mm，有效数字的位数不一样多，其准确程度也不一样的，显然后者比前者要准确。

实验中进行有效数字运算时，应只保留一位存疑数字，对第二位存疑数字应用四舍五入法。

数据的舍入规则是：若选取 n 位有效数字，则 $n+1$ 位数若大于 5 则入；小于 5 则舍；等于 5 则按偶数原则进行舍入处理，即 n 位数为偶数则舍，为奇数则入；若需要舍去的尾数为两位以上的数字时，不得连续修约。

例如：将以下数字取为 4 位有效数字：

123.46→123.5

123.43→123.4

123.45→123.4

123.35→123.4

123.456→123.4

有效数字运算时，若是加、减运算，运算结果应保留的小数位数与原近似值中最少的小数位数相同；乘、除运算时运算结果应保留的有效位数与原近似值中有效位数最少的那个数相同。

第三节　电工实验台的简介

浙江天煌科技实业有限公司生产的电工实验台，吸收了国内外先进教学仪器的优点，充分考虑实验室的现状和发展趋势，用模块化的结构将电路实验内容整合到一套电路板上，同时各个模块的小电路板又能独立工作，接线直观、清晰、方便，安全性能好，且有利于帮助学生思路的扩展，受到广泛的好评。为了更好地使用这个实验台，下面就它的构成部件、功能、操作方法、安全性能等做以下说明。

一、实验组件挂箱的功能及主要部件的使用说明

（一）DG01 电源控制屏

实验屏为铁质喷塑结构，铝质面板，提供交流电源、高压直流电源、保护装置、定时器兼报警记录仪等。

1. 交流电源的启动

(1) 实验屏的左后侧有一根接有三相四芯插头的电源线。先在电源线下方的接线柱上接好机壳的接地线，然后将三相四芯插头接通三相四芯 380V 交流市电。这时，屏左侧的三相四芯插座即可输出三相 380V 交流电，必要时此插座上可插另一实验装置的电源线插头。但应注意，连同该装置在内，串接的实验装置不能多于三台。

(2) 将实验屏左侧面的三相自耦调压器的手柄调至零位，即逆时针旋到底。

(3) 将“电压指示切换”开关置于“三相电网输入”侧。

(4) 开启钥匙式电源总开关，停止按钮灯亮（红色），三只电压表（0～450V）指示出输入三相电源线电压之值，此时，实验屏左侧面单相二芯 220V 电源插座和右侧面的单相三芯 220V 处均有相应的交流电压输出。

(5) 按下启动按钮（绿色），红色按钮灯灭，绿色按钮灯亮，同时可听到屏内交流接触器的瞬间吸合声，面板上与 U1、V1 和 W1 相对应的黄、绿、红三个 LED 指示灯亮。至此，实验屏启动完毕。

2. 三相可调交流电源输出电压的调节

(1) 将三相“电源指示切换”开关置于右侧（三相调压输出），三只电压表指针回到零位。

(2) 按顺时针方向缓缓旋转三相自耦调压器的旋转手柄，三只电压表将随之偏转，即指示出屏上三相可调电压输出端U、V、W两两之间的线电压之值，直至调节到某实验内容所需的电压值。实验完毕，将旋柄调回零位。并将“电压指示切换”开关拨至左侧。

3. 用于照明和实验日光灯的使用

本实验屏上有两个40W日光灯管，分别供照明和实验使用。照明用的日光灯管通过三刀手动开关进行切换，当开关拨至上方时，照明用的日光灯管亮；当开关拨至下方时，照明灯管灭。实验用日光灯管的四个引脚已独立引至屏上，以供日光灯实验用。

4. 定时器兼报警记录仪

（1）定时器与报警记录仪是专门为教师对学生的实验考核而设置，可以调整考核时间。到达设定时间，可自动断开电源，并可累计操作过程中的报警次数，以考察学生的实验质量。

（2）报警器的报警功能分电流、电压表的超量程报警，内电路漏电报警，过电流、过电压报警三部分，显示的报警次数即三项报警次数的累加。

（3）操作步骤：

1）开机并按“复位”键后，显示器将从00.00.00开始计时。

2）设置密码。密码为3位数，个位必须是9，即出厂密码。设所选密码为569。则应按以下步骤设计密码：①按“功能”键，显示器的最右一位（右1位）会循环显示1～7，分别代表屏上“功能指示”下的6个功能及时钟功能，前6个功能的相应指示灯会依次点亮，选择功能6；②按住“数位”键约2s，显示器中会出现逐位跳动的小数点；③点动“数位”键，使小数点位于右3位；④按“数据”键，右3位会循环显示0～9，选取5；⑤参照③、④两步，设置好右2位为6，右1位为9；⑥按“确认”键，右1位显示6，表明密码设置成功。再按“复位”键。

3）输入密码的步骤是：①按“功能”键，使右1位显示1；②参照2）的②～⑤，使右3～右1位显示569；③按“确认”键，左1位即显示1，表明密码输入正确，方可进行2）～8）的全部操作。如果输入的密码有误，则按“确认”键后，输入数不变，也无法进行2）～5）的操作，但按“复位”键后，可进行6）～8）的操作。

4）设置实验的起始时间和结束（报警）时间的步骤是：①按“功能”键，使右1位显示2；②参照2）的②～⑤，将起始时间的时、分（四位数）依次输入到左1～左4位，再使右1位显示1，按“确认”键，则右1位会显示C（clock），表明设置成功；③参照②步设置结束（报警）时间，再在右1位输入9，按“确认”键，则右1位显示A（alarm），表明设置成功。

5）告警次数清零的方法是：按“功能”键，使右1位显示3，再按“确认”键，则右3～右1位显示000，表明告警次数已清零。

6）定时时间查询的方法是：按“功能”键，使右1位显示4，再按“确认”键，显示器即显示设定的结束（报警）时间。

7）告警次数记录查询的方法是：按“功能”键，使右1位显示5，再按“确认”键，显示器的右3～右1位将显示已出现故障告警的次数。

8）时钟显示的方法是：按“功能”键，使右1位显示7，再按“确认”键，显示器的六位数码管将显示当前的时间（时、分、秒）。

（4）运行提示。当计时时间到达所设定的结束（报警）时间后，机内蜂鸣器会鸣叫

1min。再过 4min，机内接触器跳闸。如果按本表的“复位”键，再按本装置的启动按钮，则重复鸣叫 1min，再过 4min 跳闸。跳闸后，有两种方法可恢复到初始状态：

1）按“复位”键，并在 5min 内重新输入密码，设置新的开始和结束时间。

2）切断本装置的总电源，10s 后重新启动。

（二）DG02 实验桌

实验桌上装置有实验控制屏，并有一个较宽畅的工作台面，在实验桌的正前方设有两个抽屉。

（三）DG03 数控智能函数信号发生器挂箱（带频率计）

1. 概述

该信号源是一种新型的以单片机为核心的数控式函数信号发生器。它可输出正弦波、三角波、锯齿波、矩形波、四脉方列和八脉方列六种信号波形。通过面板上键盘的简单操作，就可以很方便地连续调节输出信号的频率，并由 LED 数码管直接显示出输出信号的频率值、矩形波的占空比及内部基准幅值。输出信号波形的各项技术指标都能满足大专院校电工、电路、模拟和数字电路实验的需求。本仪器还兼有频率计的功能，可精确地测定各种周期信号的频率。本仪器采用先进技术，智能化程度高，因而具有输出波形失真小、精度高、输出稳定、工作可靠、功耗低、线路简洁、使用调节灵活简便、结构轻巧等突出的优点。

2. 主要技术指标

（1）输出频率范围：正弦波为 1Hz～160kHz；矩形波为 1Hz～160kHz；三角波和锯齿波为 1Hz～10kHz；四脉方列和八脉方列固定为 1kHz。频率调整步幅：1Hz～1kHz 为 1Hz；1～10kHz 为 10Hz；10～160kHz 为 100Hz。

（2）输出脉宽调节：占空比固定为 1∶1、1∶3、1∶5 和 1∶7 四挡。输出脉冲前后沿时间：小于 50ns。

（3）输出幅度调节范围：A 口，15mV～17.0V（峰—峰值）；B 口，0～4.0V（峰—峰值）。

（4）输出阻抗：小于 50Ω。

（5）频率测量范围：1Hz～200kHz。

3. 使用操作说明

（1）输入、输出接口。模拟信号（包括正弦波、三角波和据齿波）从 A 口输出；脉冲信号（包括矩形波、四脉方列和八脉方列）从 B 口输出。

（2）开机后的初始状态。选定为正弦波形，相应的红色 LED 指示灯亮；输出频率显示为 1kHz；内部基准幅值显示为 5V。

（3）按键操作。包括输出信号波形的选择、频率的调节、脉冲宽度的调节、测频功能的切换等操作。

1）按“A 口”、“B 口/B↑或 B 口/B↓”，选择输出端口。

2）选择 A 口输出时，按波形键可依次选择正弦波、方波和锯齿波。B 口输出时，按波形键可依次选择矩形波、四脉方列和八脉方列。被选中波形的相应指示灯亮。

3）在选定矩形波后，按“脉宽”键，可改变矩形波的占空比。此时显示占空比的数码管将依次显示 1∶1、1∶3、1∶5、1∶7。

4）按“测频/取消”键，仪器便转换为频率计的功能。六只显示数码管将显示接在面板

"信号输入口"处的被测信号的频率值（"信号输出口"仍保持原来信号的正常输出）。此时除"测频/取消"键外，按其他键均无效；只有再按过"测频/取消"键，撤销测频功能后，整个键盘才可恢复对输出信号的控制操作。

5）按"粗↑"键或"粗↓"键，可单步改变（调高或调低）输出信号频率值的最高位。

6）按"中↑"键或"中↓"键，可连续改变（调高或调低）输出信号频率值的次高位。

7）按"细↑"键或"细↓"键，可连续改变（调高或调低）输出信号频率值的第二次高位。

（4）输出幅值的调节：

1）A口波形的输出幅值可由面板上幅值调节旋钮调节，其中主调旋钮为粗调、辅调旋钮为细调，幅值调节精度为1mV。

2）B口幅值调节按B口/B↑键将连续增大输出口幅值；按B口/B↓键将连续减小输出口幅值。

（5）输出衰减的选择：输出衰减分0、20、40、60dB四挡，由两个"衰减"按键选择，具体选择方法如下。

20dB按键	40dB按键	衰减值（dB）
弹起	弹起	0
按下	弹起	20
弹起	按下	40
按下	按下	60

（四）DG04直流稳压电源、恒流源、受控源、回转器及负阻抗变换器

1. 功能

提供两路0.0～30V/1A可调稳压电源，内部分五挡自动切换，具有截止型短路软保护和自动恢复功能，设有三位半数显指示。

提供一路0～500mA连续可调恒流源，分2、20、500mA三挡，最大输出功率10W，从0mA调起，调节精度为1‰，负载稳定度不大于5×10^{-4}，额定变化率不大于5×10^{-4}，配有数字式直流毫安表指示输出电流，具有输出开路、短路保护功能。

提供电压控制电压源VCVS、电流控制电压源CCVS、电压控制电流源VCCS、电流控制电流源CCCS、回转器及负阻抗变换器。

2. 低压直流稳压源输出与调节

开启直流稳压电源带灯开关，两路输出插孔均有电压输出。其操作步骤是：

（1）将"电压指示切换"按键弹起，数字电压表指示第一路输出的电压值；将此按键按下，则电压表指示第二路输出的电压值。

（2）调节"输出调节"多圈电位器旋钮可平滑地调节输出电压值。调节范围为0～30V（自动换挡），额定电流为1A。

（3）两路稳压源既可以单独使用，也可以组合构成0～±30V或0～±60V电源。

（4）两路输出均设有软截止保护功能，但应尽量避免输出短路。

3. 恒流源的输出与调节

（1）将负载接至"恒流输出"两端，开启恒流源开关，数字式毫安表即指示输出电流之值。调节"输出粗调"波段开关和"输出细调"多圈电位器旋钮，可在三个量程段（满度为

2、20、500mA）连续调节输出的恒流电流值。

（2）本恒流源虽有开路保护功能，但不应长期处于输出开路状态。

（3）操作注意事项：当输出口接有负载时，如果需要将“输出粗调”波段开关从低挡向高挡切换，则应将输出“细调旋钮”调至最低（逆时针旋到头），再拨动“输出粗调”开关。否则会使输出电压或电流突增，可能导致负载器件损坏。

4. 受控源的使用

电源为内部供给（只需开启启动按钮），通过适当的连接（见实验指导书），可获得CCVS、VCCS的变换功能。

（五）DG05 电工基础实验挂箱（一）

提供仪表量程扩大、电压源与电流源的等效互换、基尔霍夫定律、叠加原理、戴维南定理、二端口网络及互易定理等实验项目电路。

（六）DG07 电工基础实验挂箱（二）

提供交流电路等效参数的测定，R、L、C 元件特性，串联谐振，一阶、二阶动态电路的实验等实验的电路。

（七）DG08 电工基础实验挂箱（三）

提供单相、三相负载电路、变压器、互感器、电能表等实验所需的器件。

灯组负载为三个独立的白炽灯组，可连接成星形或三角形两种形式，每个灯组设有三只并联的白炽灯灯座（每个灯组均设有三个开关，控制三个并联支路的通断），可装 60W 以下的白炽灯九只，各灯组均设有电流插座，每个灯组均设有过电压保护线路。当电压超过245V 时会自动切断电源并报警，避免烧坏灯泡；铁芯变压器 1 只（50VA、220V/36V），一、二次侧均设有电流插座；互感器线圈一组，实验时临时挂上，两个空心线圈 L1、L2 装在滑动架上，可调节两个线圈间的距离，可将小线圈放到大线圈内，并附有大、小铁棒各 1 根和非导磁铝棒 1 根；电能表 1 只，规格为 220V、3/6A，实验时临时挂上，其电源线、负载进线均已接在电能表接线架的空心接线柱上，以便接线。

（八）DG09 元件挂箱

提供实验所需各种外接元件（如电阻器、发光二极管、稳压管、电容器、电位器及 12V 灯泡等），三相高压电容组，还提供十进制可变电阻箱，输出阻值为 0～99 999.9Ω/1W。

（九）D31 直流数字电压、毫安、安培表挂箱

（1）提供直流数字电压一只。直流数字电压表由三位半 A/D 转换器 ICL7107 和四个 LED 共阳极红色数码管等组成，精度为 0.5 级，量程分 200mV、2V、20V、200V 四挡，由直键开关切换量程。被测电压信号应并接在“0～200V”“+”“－”两个插孔处，使用时要注意选择合适的量程，否则若被测电压值超过所选择挡位的极限值，则该仪表告警指示灯亮。控制屏内蜂鸣器发出告警信号，并使接触器跳开，按下仪表的“复位”按钮，蜂鸣器停止发出声音，重新选择量程或测量值恢复正常后，还必须重新启动控制屏，才能继续实验。

注：每次用完毕，要放在最大量程 200V 挡上。

（2）提供直流数字毫安表一只。直流毫安表结构特点均类同数字直流电压表，只是这里的测量对象是电流，“+”“－”两个输入端应串接在被测的电路中；量程分 2、20、200mA 三挡，三位半显示，精度为 0.5 级，具有超量程报警、指示、切断总电源功能。

（3）提供直流数字电流表一只，测量范围 0～5A，三位半显示，精度为 0.5 级，具有超

量程报警、指示、切断总电源功能。

（十）D32 交流电流表挂箱

提供真有效值数字电流表一块，精度 0.5 级；提供指针式电流表两块，精度为 1.0 级。

1. 真有效值交流电流表的使用

进行真有效值电流的测量，测量范围 0～5A，量程自动判断、自动切换。三位半数显。测量时将被测信号线串接入测量端口即可进行测量。

2. 指针式交流电流表的使用

（1）采用带镜面、双刻度线（红、黑）表头（不同的量程读取相应的刻度线），测量范围 0～5A，量程分 0.3、1、3、5A 四挡，直键开关切换，每挡均有超量程告警、指示及切断总电源功能。

（2）在实验接线、量程换挡及不需要指示测量时，将“测量/短接”键处于“短接”状态；需要测量时，将“测量/短接”键处于“测量”状态。

（3）仪表量程的选择：按下合适量程的按键，相应挡位的绿色指示灯亮，指针指示出被测量值。

（4）若被测量值超过仪表的量限，则该表告警指示灯亮，控制屏内蜂鸣器发出告警信号，并使接触器跳开。将超量程仪表的“复位”按钮按一下，蜂鸣器停止发出声音，重新选择量程或测量值恢复正常后，必须重新启动控制屏，才可开始实验。

（十一）D33 交流电压表挂箱

提供真有效值数字电压表一块，测量范围为 0～500V，精度为 0.5 级；提供指针式电压表两块，精度为 1.0 级。

1. 真有效值交流电压表的使用

进行真有效值的测量，量程自动判断、自动切换，三位半数显。测量时将被测信号线并接入测量端口即可进行测量。

2. 指针式交流电压表的使用

1）采用带镜面、双刻度线（红、黑）表头（不同的量程读取相应的刻度线），测量范围 0～500V，量程分为 10、30、100、300、500V 五挡，输入阻抗 5～10kΩ/V，直键开关切换，每挡均有超量程告警、指示及切断总电源功能。

2）仪表量程的选择：按下合适量程的按键，相应挡位的绿色指示灯亮，指针指示出被测量值。

3）若被测量值超过仪表的量限，则该表告警指示灯亮，控制屏内蜂鸣器发出告警信号，并使接触器跳开。将超量程仪表的“复位”按钮按一下，蜂鸣器停止发出声音，重新选择量程或测量值恢复正常后，必须重新启动控制屏，才可开始实验。

（十二）D34-3 智能功率表、功率因数表挂箱

提供两块多功能智能单相功率表，精度为 0.5 级，电压、电流量程分别为 450V、5A，可以测量电路的频率、负载的功率、功率因数、负载的性质等，还可以储存、记录 15 组功率和功率因数的测试结果数据，并可逐组查询。通过两表法测量三相有功功率时，还可直接显示出总功率的值。

二、实验连接线

根据不同实验项目的特点，配备两种不同的实验连接线。强电部分采用高可靠护套结构

手枪插连接线，不存在任何触电的可能。里面采用无氧铜抽丝而成的头发丝般细的多股线，达到超软目的；外包丁腈聚氯乙烯绝缘层，具有柔软、耐压高、强度大、防硬化、韧性好等优点。插头采用实芯铜质件外套铍青铜弹片，接触安全可靠。弱电部分采用弹性铍青铜裸露结构连接线，两种导线都只能配合相应内孔的插座，不能混插，大大提高了实验的安全及合理性。

三、实验内容

完成直流电路、单相交流电路、三相交流电路、电工测量等方面的实验。

四、装置的安全保护系统

（1）三相四线制电源输入，总电源由断路器和三相钥匙开关控制，设有三相带灯熔断器作为短路保护和断相指示。

（2）控制屏电源由交流接触器通过启动、停止按钮进行控制。

（3）屏上装有电压型漏电保护装置，控制屏内或强电输出若有漏电现象，即告警并切断总电源，确保实验进程的安全。

（4）各种电源及各种仪表均有一定的保护功能。

（5）屏内设有过电流保护装置，当交流电源输出有短路或负载电流过大时，会自动切断交流电源，以保护实验装置。

第二部分　电 工 基 础 实 验

实验一　电阻伏安特性的测量

一、实验目的

(1) 掌握线性电阻、非线性电阻元件伏安特性的测量方法。

(2) 熟悉实验台上各类电源及各类测量仪表的布局和使用方法。

二、实验相关知识

(1) 伏安特性曲线。任何一个二端元件的特性，可用该元件上的端电压 U 与通过该元件的电流 I 之间的函数关系 $I=f(U)$ 来表示，即用 $I-U$ 平面上的一条曲线来表征，这条曲线称为该元件的伏安特性曲线。

(2) 线性电阻元件。当电阻元件 R 的值不随电压或电流的变化而改变，则电阻 R 两端的电压与流过的电流成正比，这种电阻元件称为线性电阻元件。线性电阻元件是符合欧姆定律的，其伏安特性曲线为一条通过坐标原点的直线，如图 1-1 (a) 所示，该直线的斜率等于该电阻器的电阻值。

(3) 非线性电阻元件。如果电阻元件的电阻值不是常数，而是随着所加电压或电流的变化而变化，这种电阻元件称为非线性电阻元件。其伏安特性曲线不是一条过原点的直线。

如图 1-1 (b) 为半导体二极管和白炽灯的伏安特性曲线，其中 b 为白炽灯的伏安特性曲线，可以看出此曲线对称于坐标原点，表明钨丝的电阻值与通过电流的方向无关，仅与电流的大小有关，这种特性称为双向性。而半导体二极管特性曲线 a 对坐标原点不对称，表明半导体二极管的电阻值不仅与电流的大小有关，还与通过的电流的方向有关，这种特性称为非双向性。在使用非双向性元件时，要注意其端钮的极性。

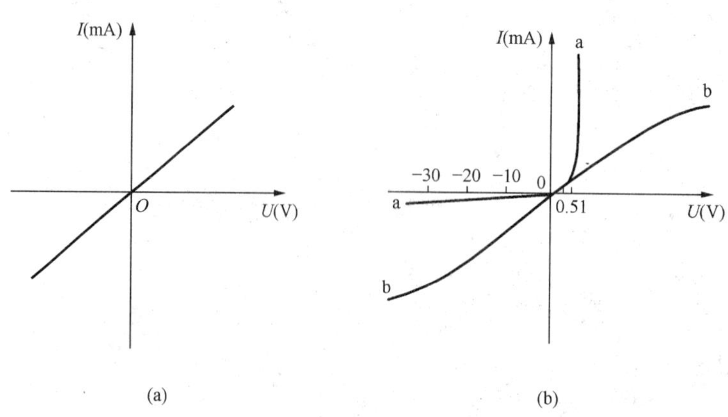

图 1-1　电阻元件的伏安特性曲线

(a) 线性电阻；(b) 非线性电阻

三、实验设备

序 号	名 称	型号与规格	数 量	备 注
1	可调直流稳压电源	0～30V	1	DG04
2	直流毫安表	0～200mA	1	D31
3	直流电压表	0～200V	1	D31
4	旋转式电阻箱	0～99 999.9Ω	1	DG09
5	二 极 管	IN4007 或 2AP9	1	DG09
6	白 炽 灯	12V，0.1A	1	DG09

四、实验电路

实验电路如图 1-2 和图 1-3 所示。

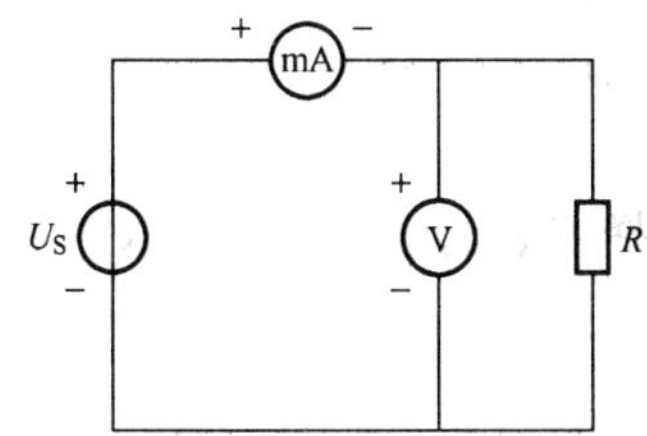

图 1-2 线性电阻伏安特性实验电路

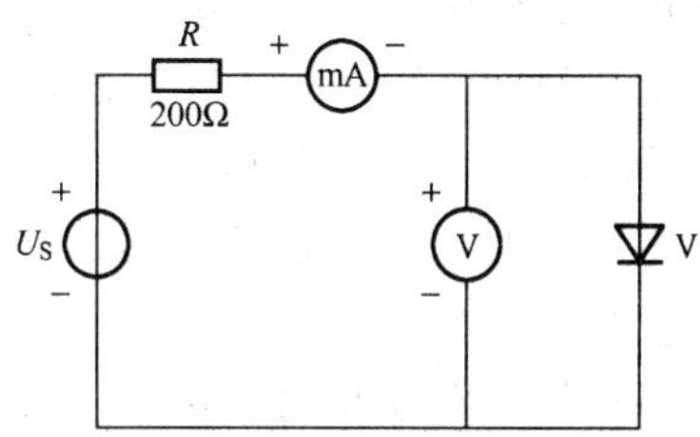

图 1-3 二极管伏安特性实验电路

五、实验步骤

1. 测量线性电阻的伏安特性

(1) 按图 1-2 接线，其中 $R=1k\Omega$。

(2) 经检查无误后，调节直流稳压电源的输出值，见表 1-1，测量相应电流并记录于该表中。

表 1-1　　线性电阻伏安特性测量结果

U_R(V)	0	2	4	6	8	10
I(mA)						

2. 测量非线性电阻白炽灯的伏安特性

(1) 按图 1-2 接线。将图中的线性电阻 R 改为额定电压为 12V 的白炽灯。

(2) 调节直流稳压电源的输出值，见表 1-2，测量相应电流并记录于该表中。

表 1-2　　非线性电阻伏安特性测量结果

U_L(V)	0.10	0.5	1	2	3	4	5
I(mA)							

3. 测量半导体二极管的伏安特性

(1) 正向特性：按图 1-3 接线。其正向电流不得超过 35mA，二极管的正向施压 U_{V+} 可在 0～0.75V 之间取值，然后将测量出相应电流记录于表 1-3 中。

表 1-3　　半导体二极管正向特性测量结果

U_{V+}(V)	0.10	0.30	0.50	0.55	0.60	0.65	0.70	0.75
I(mA)								

(2) 反向特性：按图 1-3 接线。将图中的二极管反接，施压可达 30V。根据表 1-4 的要求，测量出相应电流记录于该表中。

表 1-4　　半导体二极管反向特性测量结果

U_{V-}(V)	0	−5	−10	−15	−20	−25	−30
I(mA)							

六、实验注意事项

(1) 测量二极管的正向特性时，应注意电流表读数不得超过 35mA。

(2) 如果要测定 2AP9 的伏安特性，则正向特性的电压值应取 0～30V 之间。反向特性的电压值取 0，2，4，…，10V。

(3) 使用仪表时，应先估算电压、电流值，合理选择仪表的量程，勿使仪表超量程，仪表的正、负极性不可接错。

(4) 调节稳压电源输出时应由小至大逐渐增加。

七、预习思考题

(1) 线性电阻与非线性电阻的概念是什么？电阻器与二极管的伏安特性有何区别？

(2) 设某器件伏安特性曲线的函数式为 $I=f(U)$，试问在逐点绘制曲线时，其坐标变量应如何放置？

八、问题与心得

(1) 为何二极管 V 的正向施压 U_{V+} 可在 0～0.75V 之间取值？

(2) 在图 1-3 中，设 U_S=2V，U_{V+}=0.7V，则电流表读数为多少？

实验二　直流电路中电位、电压的测定

一、实验目的

(1) 学会用电压表测量电路中电位、电压的方法。

(2) 加深对电路中电位的相对性、电压的绝对性的理解。

(3) 学会电位图的绘制方法。

二、实验相关知识

(1) 电路中某点的电位是指该点对参考点的电压。数值上等于电场力将单位正电荷从该点移至参考点所做的功。

(2) 电路中两点之间的电位差就叫电压。数值上等于电场力将单位正电荷从一点移至另一点所做的功。

(3) 电位是一个与参考点有关的相对物理量，电压是一个与参考点无关的绝对物理量。

(4) 电位图是绘制于平面直角坐标系中的折线图，具有直观性的特点。电位图的横坐标为各被测点。要制作某一电路的电位图，应先以一定的顺序对电路中各被测点编号。然后在

坐标横轴上按顺序、均匀间隔标上各被测点。再以测得的各点电位值为纵坐标，在各点所在的垂直线上描点。用线段依次连接相邻两个电位点，即得该电路的电位图。

在电位图中，任意两个被测点的纵坐标值之差即为该两点之间的电压值。在电路中电位参考点可以任意选定。对于不同的参考点，所绘出的电位图形是不同的，但各点电位变化的规律却是一样的。

（5）测量电压的方法是，将电压表的红表笔接在电压参考方向的高电位端，黑表笔接在低电位端。若测量值为正，说明电压的参考方向与实际方向一致；若读数为负，说明电压的参考方向与实际方向相反。

（6）测量电位的方法是，将电压表的黑表笔接在电位的参考点上，红表笔接在被测点上。若测量值为正，说明被测点的电位比参考点的电位高；若读数为负，说明被测点的电位比参考点的电位低。

三、实验设备

序 号	名 称	型号与规格	数 量	备 注
1	直流可调稳压电源	0～30V	两路	DG04
2	直流数字电压表	0～200V	1	D31
3	电位、电压测定实验电路板		1	DG05

四、实验电路

实验电路如图 2-1 所示。

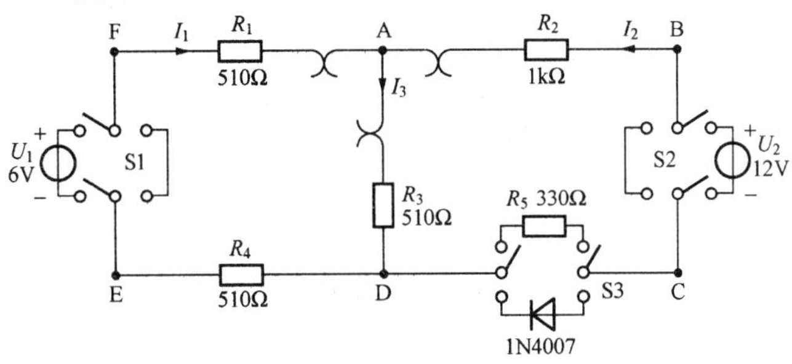

图 2-1 实验电路

五、实验步骤

（1）从 DG05 实验挂箱上找到如图 2-1 所示的“基尔霍夫定律/叠加原理”电路。

（2）将稳压源的两路输出归零，分别接入电路中。

（3）打开电源开关，分别调节稳压源的输出为 6V 和 12V。

（4）以 A 点为参考点，分别测量 B、C、D、E、F 各点的电位值及相邻两点之间的电压。

（5）以 D 点为参考点，重复以上的测量，以上测得的数据均记录于表 2-1 中。

表 2-1 **测 得 数 据**

参考点 \ 电位（压）(V)	V_A	V_B	V_C	V_D	V_E	V_F	U_{AB}	U_{BC}	U_{CD}	U_{DE}	U_{EF}	U_{FA}
A												
D												

六、实验注意事项

（1）本实验线路板是多个实验共用的电路板，本次实验中不使用电流插孔。电路图中的S3应拨向330Ω侧，三个故障按键均不得按下。

（2）接线时，应关掉电源。

（3）打开电源前，应确保稳压源输出为零。

（4）若用模拟式（指针式）直流电压表测量电压和电位时，若测量值为正，指针正偏；若测量值为负，指针反偏。此时应调换表笔后读数，但一定要注意，记录的数据是负值。

七、预习思考题

（1）什么是电位？什么是电压？

（2）以两个不同的参考点分别测量电路中各点的电位和电压时，电位值和电压值有何变化？

八、问题与心得

（1）利用表2-1中电位的数据，计算各电压值，将数据填入表2-2中。

表2-2 计算各电压值

电压（V） 参考点	U_{AB}	U_{BC}	U_{CD}	U_{DE}	U_{EF}	U_{FA}
A						
D						

（2）根据实验数据，在同一坐标系中绘制两个电位图形。

（3）心得体会。

实验三　基尔霍夫定律的验证

一、实验目的

（1）验证基尔霍夫定律的正确性，加深对基尔霍夫定律的理解。

（2）加深对电位、电压正方向的认识。

（3）了解电流插头、插座的知识，学会测量电流的方法。

二、实验相关知识

（1）基尔霍夫定律是电路中最基本的定律。它包括基尔霍夫电流定律（KCL定律）和基尔霍夫电压定律（KVL定律）两方面内容。

（2）KCL定律的内容：对于电路中任何一个节点，在任何时刻，流过这个节点的电流的代数和零，即$\sum I=0$。

（3）KVL定律的内容：对于电路中的任一回路，沿回路绕行一周，各元件或各支路上电压降的代数和等于零，即$\sum U=0$。

（4）运用上述定律列写方程时，必须先假定各支路电流或电压的参考方向，对于KVL定律还应选定回路的绕行方向。

三、实验设备

序 号	名 称	型号与规格	数 量	备 注
1	直流可调稳压电源	0～30V	二路	DG04
2	直流数字毫安表	0～200mA	1	D31
3	直流数字电压表	0～200V	1	D31
4	电位、电压测定实验电路板		1	DG05
5	电流插头		1	另附

四、实验电路

实验电路如图 3-1 所示。

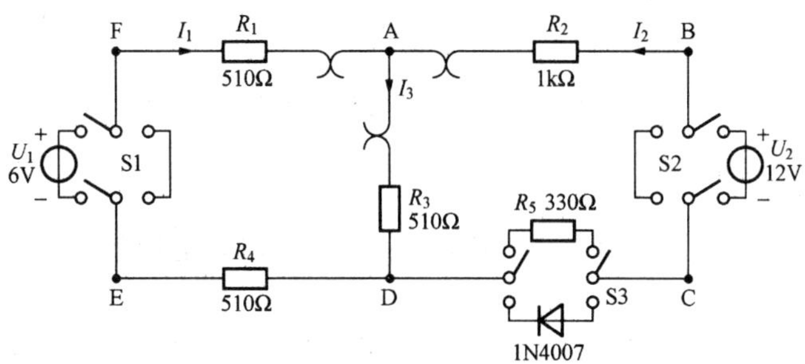

图 3-1 实验电路

五、实验步骤

(1) 从 DG05 实验挂箱上找到如图 3-1 所示的“基尔霍夫定律/叠加原理”电路。

(2) 将稳压源的两路输出归零，分别接入电路中。

(3) 打开电源开关，分别调节稳压源的输出为 6V 和 12V。

(4) U_1 单独作用时，测量 I_1、I_2、I_3 的值。

(5) U_2 单独作用时，测量 I_1、I_2、I_3 的值。

(6) U_1、U_2 共同作用时，测量 I_1、I_2、I_3 的值。

以上数据均记录于表 3-1 中。

(7) U_1、U_2 共同作用时，测量各支路的电压并记录在表 3-2 中。

表 3-1 **测量数据记录表 1**

测试条件	I_1(mA)	I_2(mA)	I_3(mA)	ΣI
U_1 单独作用				
U_2 单独作用				
U_1、U_2 共同作用				

表 3-2 **测量数据记录表 2**

回路名称	测量值（V）						ΣU
FADEF 回路	$U_{FA}=$	$U_{AD}=$	$U_{DE}=$	$U_1=$			
ABCDA 回路	$U_{AB}=$	$U_2=$	$U_{CD}=$	$U_{AD}=$			
FBCEF 回路	$U_{FA}=$	$U_{AB}=$	$U_2=$	$U_{CD}=$	$U_{DE}=$	$U_1=$	

六、实验注意事项

（1）接线时，应关掉电源。

（2）打开电源前，应确保稳压源输出为零。

（3）所有需要测量的电压值，均以电压表测量的读数为准，U_1、U_2 也需测量，不应取电源本身的显示值。

（4）用模拟式（指针式）电压表或电流表测量电压或电流时，如果仪表指针反偏，则必须调换仪表表笔，重新测量，此时指针正偏，可读得电压或电流值，但应注意：电压或电流的所测数据应为负值。

七、预习思考题

（1）基尔霍夫定律的内容是什么？

（2）本实验中毫安表和电压表应选多大量程？

（3）在图 3－1 中所示电流的正方向下，如何列写电流方程？在顺时针绕行方向下，如何列写回路电压方程？

八、问题与心得

（1）根据图 3－1 中所标电流的正方向和表 3－2 中列写电压的正方向，分别写出节点电流方程和 3 个回路的电压方程。

（2）根据实验数据，分别计算出 $\sum I$、$\sum U$ 的数值，从中得出什么结论？

（3）心得体会。

实验四　电源外特性的测量及电源的等效变换

一、实验目的

（1）掌握电源外特性的测试方法。

（2）验证电压源与电流源等效变换的条件。

二、实验相关知识

（1）电源的端电压 U 随输出电流 I 的变化关系就叫电源的外特性或伏安特性。以电流 I 为横坐标、电压 U 为纵坐标绘制出的电压与电流的关系曲线就叫电源的外特性曲线。

（2）一个直流稳压源在一定的电流范围内，具有很小的内阻，在实际中，常将其视为理想的电压源，即输出电压不随负载电流的变化而变化，如图 4－1 中的直线 1。一个直流恒流源在一定的电压范围内，具有很大的内阻，在实际中，常将其视为理想的电流源，其输出电流不随负载电流的变化而变化，即其外特性平行于 U 轴，如图 4－2 中的直线 1。

（3）一个实际电压源，其端电压随负载变化而变化，因为它具有一定的内阻值，其外特性如图 4－1 的直线 2。在实验中，可以用一个小阻值的电阻与稳压源相串联来模拟实际的电压源。同样，一个实际的电流源，其端电流也随负载变化而变化，其外特性如图 4－2 的直线 2。在实验中，可以用一个大阻值的电阻与恒流源并联来模拟实际的电流源。

（4）一个实际的电源就其外特性来说，既可以视为电压源，也可以视为电流源。当视为电压源时，可用一个理想的电压源 U_S 与一个电阻 R_0 相串联的模型表示；当视为电流源时，可用一个理想的电流源 I_S 与一个电阻 R_1 相并联的模型表示。也就是说在满足一定条件下，两种电源模型可以等效互换。其互换条件是 $U_S=I_SR_1$，$R_1=R_0$。其等效互换电路如图 4－3 所示。

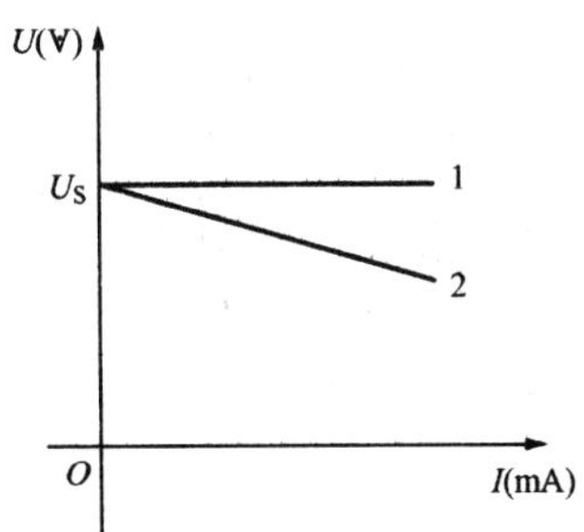

图 4-1　直流电压源的外特性

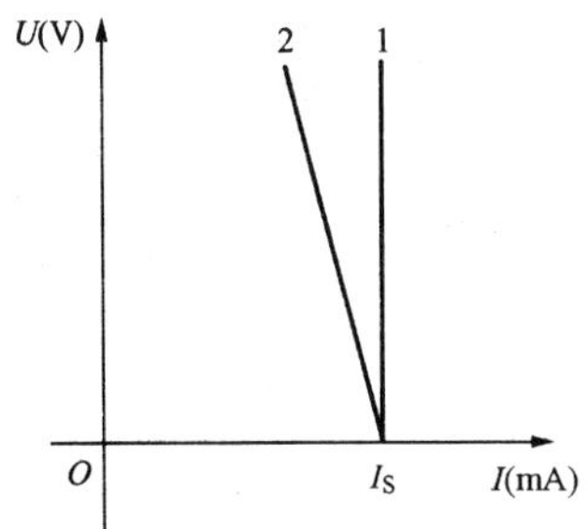

图 4-2　直流电流源的外特性

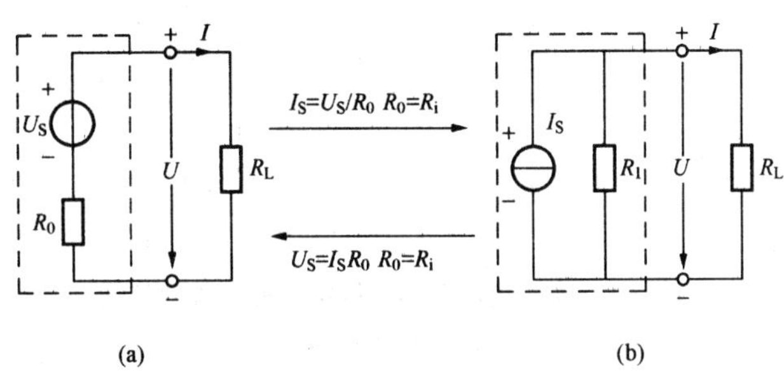

图 4-3　两种电源模型的等效互换

(a) 电压源模型；(b) 电流源模型

三、实验设备

序号	名　称	型号与规格	数　量	备　注
1	可调直流稳压电源	0～30V	1	DG04
2	可调直流恒流源	0～500mA	1	DG04
3	直流电压表	0～200V	1	D31
4	直流毫安表	0～200mA	1	D31
5	电阻器	120、200、510Ω		DG09
6	滑线变阻器	1kΩ	1	DG09
7	电路板			DG05
8	可调电阻箱	0～99 999.9Ω	1	DG09

四、实验电路（见图 4-4～图 4-8）

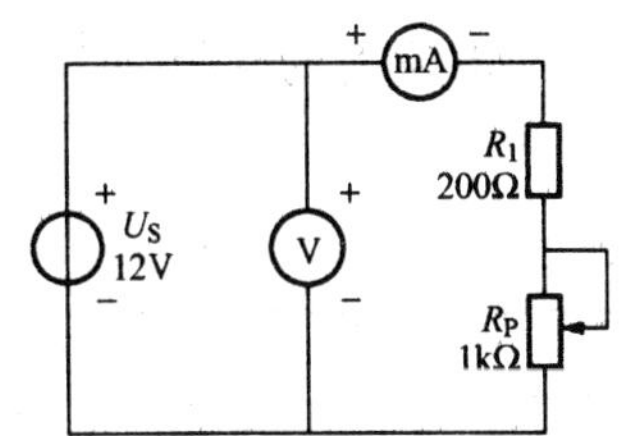

图 4-4　测量理想电压源的外特性

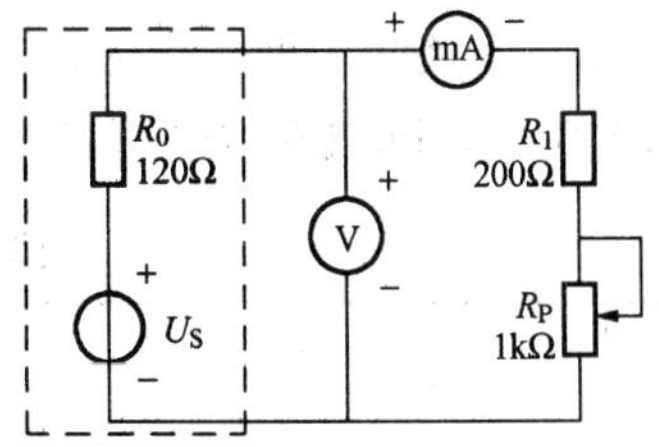

图 4-5　测量实际电压源外特性

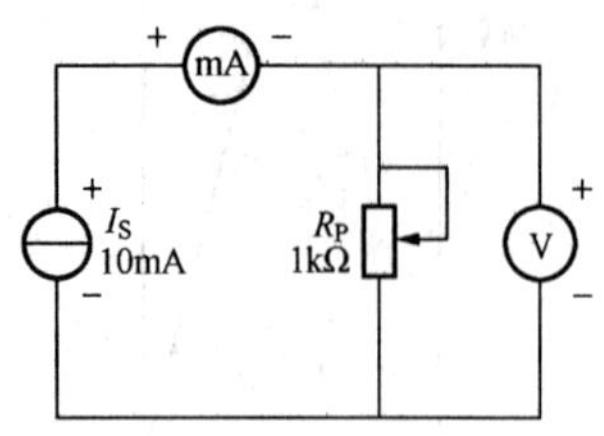

图 4-6 测量理想电流源外特性

图 4-7 测量实际电流源外特性

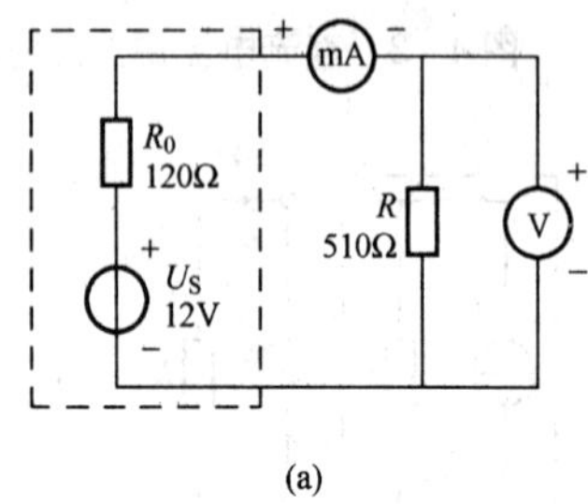

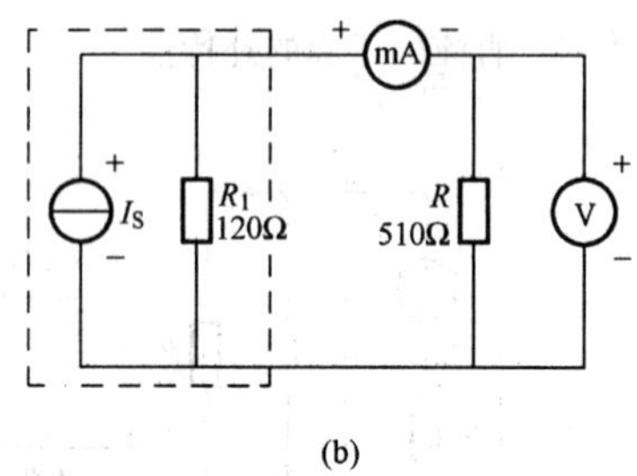

图 4-8 实际电压源与实际电流源的等效变换

(a) 电压源；(b) 电流源

五、实验步骤

1. 测量直流稳压电源与实际电压源的外特性

(1) 按图 4-4 接线，经检查无误后，调节 U_S 使电压表的读数为 12V，将电位器值从小到大变化，读取 6 组电压、电流值记录于表 4-1 中。

表 4-1 **测量数据记录表 1**

U(V)						
I(mA)						

(2) 按图 4-5 接线，经检查无误后，调节模拟实际电压源的输出电压为 12V，然后调节电位器从小到大变化，读取 6 组电压、电流值记录于表 4-2 中。

表 4-2 **测量数据记录表 2**

U(V)						
I(mA)						

2. 测量直流恒流源与实际电流源的外特性

(1) 按图 4-6 接线，经检查无误后，调节电流源 I_S 使电流表的读数为 10mA，将电位器值从小到大变化，读取 6 组电压、电流值记录于表 4-3 中。

表 4-3 **测量数据记录表 3**

U(V)						
I(mA)						

(2) 按图 4-7 接线，经检查无误后，调节模拟实际电流源的输出电流为 10mA，使电位

器值从小到大变化，读取 6 组电压、电流值记录于表 4-4 中。

表 4-4　　测量数据记录表 4

U(V)						
I(mA)						

3. 测量电源等效变换的条件

先按图 4-8 (a) 线路接线，记录线路中电压表的读数 U、电流表的读数 I、电压源的电压 U_S、电源的电阻 R_0 于表 4-5 中。然后按图 4-8 (b) 接线，调节恒流源的输出电流 I_S，使两表的读数与图 4-8 (a) 电路中的数值相等，在表 4-5 中记录 I_S 的值，用公式 $I_S=U_S/R_0$ 验证等效变换条件的正确性。

表 4-5　　测量数据记录表 5

记录数据					计算数据
U	I	U_S	R_0	I_S	$I_S=U_S/R_0$

六、实验注意事项

(1) 在测电压源外特性时，不要忘记测空载时的电压值，测电流源外特性时，不要忘记测短路时的电流值，注意恒流源负载电压不要超过 20V，负载不要开路。

(2) 换接线路时，必须关闭电源开关。

(3) 直流仪表的接入应注意极性与量程。

七、预习思考题

(1) 通常直流稳压电源的输出端不允许短路，直流恒流源的输出端不允许开路，为什么？

(2) 电压源与电流源的外特性为什么呈下降变化趋势，稳压源和恒流源的输出在任何负载下是否保持恒值？

八、问题与心得

(1) 根据实验数据分别绘制电压源和电流源的外特性曲线，总结其特点。

(2) 何谓两个电路等效？电源的等效变换对内电路是否也等效？

(3) 心得体会。

实验五　叠加原理的验证及电路故障的判断

一、实验目的

(1) 验证线性电路叠加原理的正确性，加深对线性电路的叠加性和齐次性的认识和理解。

(2) 通过实验数据判断电路中的故障，加深对开路、短路方面知识的理解，提高学生分析问题的能力。

二、实验相关知识

叠加原理指出：在有多个独立源共同作用下的线性电路中，通过每一个元件的电流或其两端的电压，可以看成是由每一个独立源单独作用时在该元件上所产生的电流或电压的代数和。

线性电路的齐次性是指当激励信号（某独立源的值）增加或减小 K 倍时，电路的响应（即在电路中各电阻元件上所建立的电流和电压值）也将相应的增加或减小 K 倍。

三、实验设备

序　号	名　　称	型号与规格	数　　量	备　　注
1	直流稳压电源	0～30V 可调	两路	DG04
2	直流数字电压表	0～200V	1	D31
3	直流数字毫安表	0～200mV	1	D31
4	叠加原理实验电路板		1	DG05
5	电流插头		1	另附

四、实验电路

实验电路如图 5-1 所示。

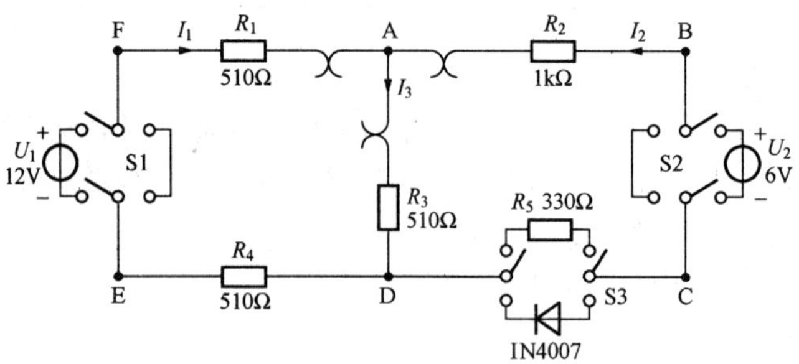

图 5-1　实验电路

五、实验步骤

（1）从 DG05 实验挂箱上找到图 5-1 的“基尔霍夫定律/叠加原理”电路。

（2）将稳压源的两路输出归零，分别接入电路中。

（3）打开电源开关，分别调节稳压源的输出为 12V 和 6V。

（4）将开关 S3 投向 330Ω 侧，按表 5-1 所列项目进行测量。

表 5-1　　线性电路实验数据

测量项目 / 实验内容	I_1(mA)	I_2(mA)	I_3(mA)	U_{AB}(V)	U_{CD}(V)	U_{AD}(V)	U_{DE}(V)	U_{FA}(V)
U_1、U_2 共同作用								
U_1 单独作用								
U_2 单独作用								
$2U_2$ 单独作用								
计算叠加结果								

（5）将开关 S3 投向二极管 IN4007 侧，按表 5-2 所列项目进行测量。

表 5-2 非线性电路实验数据

实验内容 \ 测量项目	I_1(mA)	I_2(mA)	I_3(mA)	U_{AB}(V)	U_{CD}(V)	U_{AD}(V)	U_{DE}(V)	U_{FA}(V)
U_1、U_2 共同作用								
U_1 单独作用								
U_2 单独作用								
$2U_2$ 单独作用								
计算叠加结果								

(6) 在 U_1 和 U_2 共同作用时，任意按下某一故障键，测量表 5-3 中所列数据，再根据测量结果判断出故障的性质。

表 5-3 故障情况实验数据

实验内容 \ 测量项目	I_1(mA)	I_2(mA)	I_3(mA)	U_{AB}(V)	U_{CD}(V)	U_{AD}(V)	U_{DE}(V)	U_{FA}(V)	判断故障
故障 1									
故障 2									
故障 3									

六、实验注意事项

(1) 接线时，应关掉电源。

(2) 打开电源前，应使电源输出为零。

(3) 当 U_1 电源单独作用时，BC 两端被短路，所以测量 U_{AC} 即是 U_{AB} 的值。同理当 U_2 电源单独作用时，EF 两端被短路，所测量 U_{EA} 即是 U_{FA} 的值。

(4) 用模拟式（指针式）电压表或电流表测量电压或电流时，如果仪表指针反偏，则必须调换仪表表笔，重新测量，此时指针正偏，可读得电压或电流值。但应注意：电压或电流的所测数据应为负值。

七、预习思考题

(1) 什么是线性电阻？二极管是线性元件吗？

(2) 叠加原理的内容是什么？

八、问题与心得

(1) 将表 5-1、表 5-2 中计算叠加结果的数据填写完整，分析数据得出什么结论？

(2) 电阻元件上所消耗的功率能否用叠加原理计算得出？试根据表 5-1 中电阻 R_1 上的电流和电压，进行计算并作结论。

(3) 根据表 5-3 所示的实验数据，判断故障的性质，直接填写在表中。

(4) 心得体会。

实验六 戴维南定理和诺顿定理的验证

一、实验目的

(1) 验证戴维南定理和诺顿定理的正确性，加深定理内容的理解。

(2) 掌握测量有源二端网络等效参数的一般方法。

二、实验相关知识

(1) 任何一个线性含源网络，如果仅研究其中一条支路的电压和电流，则可将电路的其余部分看作是一个有源二端网络（或称为含源一端口网络），如图 6-1 (a) 所示。

(2) 戴维南定理指出：任何一个线性有源二端网络，总可以用一个理想电压源与一个电阻的串联的电路模型来等效代替，如图 6-1 (b) 所示。该理想电压源的电压 U_S 等于这个有源二端网络的开路电压 U_{OC}，其等效内阻 R_0 等于该网络中所有独立源均置零（理想电压源视为短接，理想电流源视为开路）时的等效电阻。

(3) 诺顿定理指出：任何一个线性有源二端网络，总可以用一个理想电流源与一个电阻的并联的电路模型来等效代替，如图 6-1 (c) 所示。该理想电流源的电流 I_S 等于这个有源二端网络的短路电流 I_{SC}，其等效内阻 R_0 等于该网络中所有独立源均置零（理想电压源视为短接，理想电流源视为开路）时的等效电阻。

$U_{OC}(U_S)$ 和 R_0 或者 $I_{SC}(I_S)$ 和 R_0 称为有源二端网络的等效参数。

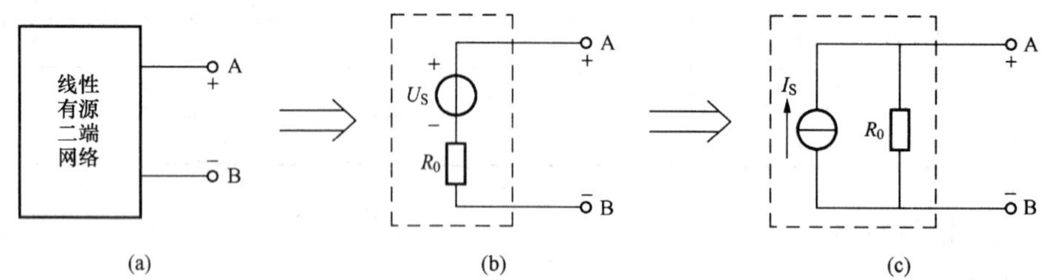

图 6-1 线性含源网络

(a) 含源二端网络；(b) 戴维南等效电路；(c) 诺顿等效电路

(4) 有源二端网络等效内阻 R_0 的测量方法：

1) 开路、短路法测 R_0：在有源二端网络输出端开路时，用电压表直接测其输出端的开路电压 U_{OC}，然后再将其输出端短路，用电流表测其短路电流 I_{SC}，则 $R_0=\frac{U_{OC}}{I_{SC}}$。如果二端网络的内阻很小，若将其输出端口短路则易损坏其内部元件，不宜用此方法。

2) 伏安法测 R_0：将二端网络内所有的电源置零，在端口上加一个外接电源，用电压表测出其外接电源的电压 U，用电流表测出端口处流过的电流 I，则 $R_0=\frac{U}{I}$。

三、实验设备

序号	名称	型号与规格	数量	备注
1	可调直流稳压电源	0～30V	1	DG04
2	可调直流恒流源	0～500mA	1	DG04
3	直流数字电压表	0～200V	1	D31
4	直流数字毫安表	0～200mA	1	D31
5	可调电阻箱	0～99999.9Ω	1	DG09
6	电阻元件	30、51、200Ω	1	DG09
7	戴维南定理实验电路板		1	DG05

四、实验电路

实验电路如图 6-2~图 6-4 所示。

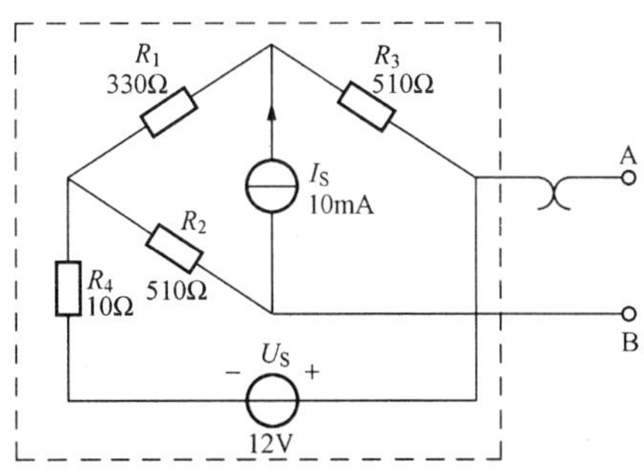

图 6-2 线性含源二端网络

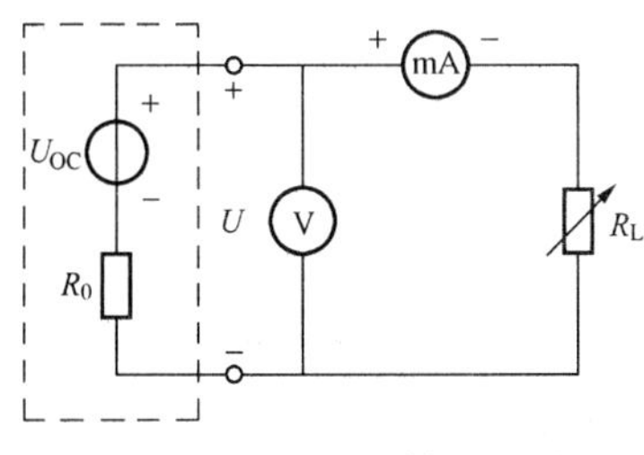

图 6-3 戴维南等效电路

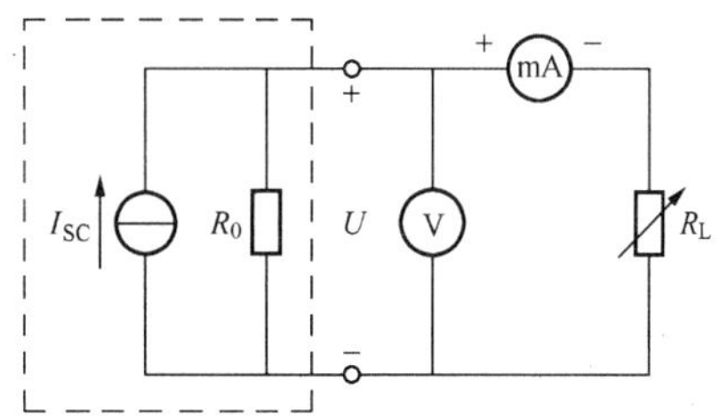

图 6-4 诺顿等效电路

五、实验步骤

1. 测量线性含源二端网络在外电路 R_L 上产生的电流和电压

(1) 在 DG05 实验箱上找到图 6-2 的戴维南定理诺顿定理实验电路板，将电压源和电流源接入其中。

(2) 检查电压源和电流源是否归零，打开电源开关。

(3) 将电压源调至 12V，电流源调至 10mA。

(4) 在元件箱 DG09 上找到三个 30、51、200Ω 的电阻元件，把它们作为 R_L 分别接在二端网络的端口 A、B 两端时测量它们的电流 I_{R_L}、电压 U_{R_L}，记录于表 6-1 中。

表 6-1　　测量数据记录表 1

R_L	30Ω	51Ω	200Ω
I_{R_L}(mA)			
U_{R_L}(V)			

2. 测量等效电源的参数

(1) 用开路电压、短路电流法测定戴维南等效电路的 U_{OC}、R_0 和诺顿等效电路的 I_{SC}、R_0：

图 6-2 中不接入 R_L 时测出开路电压 U_{OC}；再将 A、B 端口短路，测出短路电流 I_{SC} 记录在表 6-2 中并计算出 R_0。

(2) 用伏安法测等效电路的电阻 R_0：将图 6-2 中所有的电源置零（不接电流源和电压源，但要把接电压源的两个端子短接），在端口 A、B 上加一个 12V 的外接电源，用电压表测出外接电源的电压 U，用电流表测出端口处的电流 I，数据记录在表 6-2 中，并计算出 R_0。

表 6-2 测量数据记录表 2

测量方法	测量值		计算值 R_0
开路、短路法	$U_{OC}=$	$I_{SC}=$	
伏安法	$U=$	$I=$	

3. 验证戴维南定理的正确性

按图 6-3 接线，根据表 6-2 中测量的等效电压源的参数，调整电压源的输出和电阻 R_0 的数值。测量在 R_L 分别为 30、51、200Ω 时的电流、电压值，记录于表 6-3 中。

表 6-3 测量数据记录表 3

R_L	30Ω	51Ω	200Ω
I_{R_L}(mA)			
U_{R_L}(V)			

4. 验证诺顿定理的正确性

按图 6-4 接线，根据表 6-2 中测量的等效电流源的参数，调整电流源的输出和电阻 R_0 的数值。测量在 R_L 分别为 30、51、200Ω 时的电流、电压值，记录于表 6-4 中。

表 6-4 测量数据记录表 4

R_L	30Ω	51Ω	200Ω
I_{R_L}(mA)			
U_{R_L}(V)			

六、实验注意事项

(1) 正确选择仪表的量程，若不能估计仪表的量程应先从最大挡试起。

(2) 电压源置零时不可将稳压源短接。

(3) 改接线路时，要断开电源。

七、预习思考题

(1) 戴维南定理和诺顿定理的内容是什么？

(2) 什么时候用戴维南定理和诺顿定理研究电路更简单？

(3) 开路、短路法测量内阻的原理是什么？

八、问题与心得

(1) 比较表 6-1、表 6-3、表 6-4 中的数据，从中得出什么结论。

(2) 用伏安法测量等效电源内阻时，外接电源的正极接在 A 端，负极接在 B 端时，电流表的读数为什么是负值，计算出的电阻也是负的吗？

(3) 心得体会。

实验七 最大功率传输条件测定

一、实验目的

(1) 掌握负载获得最大传输功率的条件。

(2) 了解电源输出功率与效率的关系。

二、实验相关知识

1. 电源与负载功率的关系

图 7-1 可视为由一个电源向负载输送电能的模型，R_0 可视为电源内阻和传输线路电阻的总和，R_L 为可变负载电阻。

负载 R_L 上消耗的功率 P 可由下式表示

$$P = I^2 R_L = \left(\frac{U}{R_0 + R_L}\right)^2 R_L$$

当 $R_L=0$ 或 $R_L=\infty$ 时，电源输送给负载的功率均为零。而以不同的 R_L 值代入上式可求得不同的 P 值，其中必有一个 R_L 值，使负载能从电源处获得最大的功率。

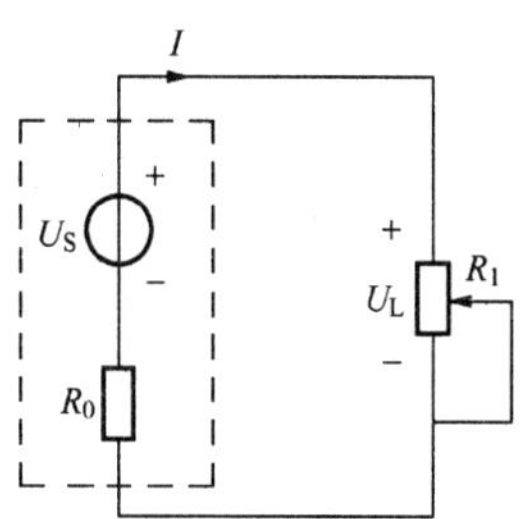

图 7-1 送电模型电路示意图

2. 负载获得最大功率的条件

根据数学求最大值的方法，令负载功率表达式中的 R_L 为自变量，P 为应变量，并使 $dP/dR_L=0$，即可求得最大功率传输的条件

$$\frac{dP}{dR_L} = 0，即\frac{dP}{dR_L} = \frac{[(R_0 + R_L)^2 - 2R_L(R_L + R_0)]U^2}{(R_0 + R_L)^4}$$

令 $(R_L+R_0)^2-2R_L(R_L+R_0)=0$，解得

$$R_L = R_0$$

当满足 $R_L=R_0$ 时，负载从电源获得的最大功率为

$$P_{max} = \left(\frac{U}{R_0 + R_L}\right)^2 R_L = \left(\frac{U}{2R_L}\right)^2 R_L = \frac{U^2}{4R_L}$$

这时，称此电路处于匹配工作状态。

3. 匹配电路的特点及应用

在电路处于匹配状态时，电源本身要消耗一半的功率。此时电源的效率只有 50%。显然，这对电力系统的能量传输过程是绝对不允许的。发电机的内阻是很小的，电路传输的最主要指标是要高效率送电，最好是 100%的功率均传送给负载。为此负载电阻应远大于电源的内阻，即不允许运行在匹配状态。而在电子技术领域里却完全不同，一般信号源本身功率较小，且都有较大的内阻。而负载电阻（如扬声器等）往往是较小的定值，且希望能从电源获得最大的功率输出，而电源的效率往往不予考虑。通常设法改变负载电阻，或者在信号源与负载之间加阻抗变换器（如音频功放的输出级与扬声器之间的输出变压器），使电路处于工作匹配状态，以使负载能获得最大的输出功率。

三、实验设备

序　号	名　　称	型号规格	数　　量	备　　注
1	直流电流表	0～200mA	1	D31
2	直流电压表	0～200V	1	D31
3	直流稳压电源	0～30V	1	DG04
4	实验线路		1	DG05
5	元件箱		1	DG09

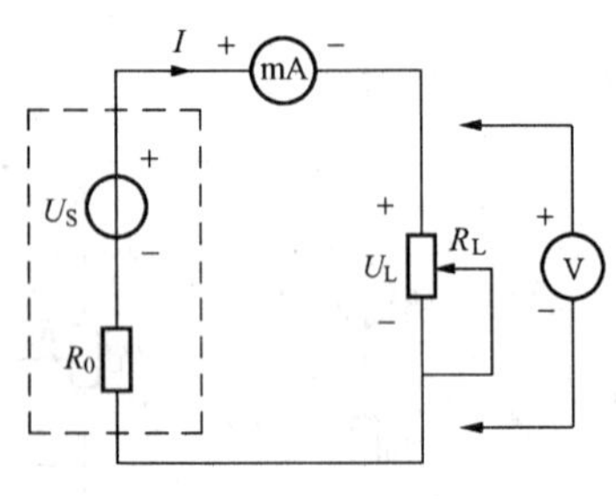

图 7-2　实验电路

四、实验电路

实验电路如图 7-2 所示。

五、实验步骤

(1) 在 DG05 实验箱上找到图 7-2 电路，在电路中接入电压源和负载 R_L，R_L 取自元件箱 DG09 的电阻箱。

(2) 使电源电压 $U_S=10V$，$R_0=100\Omega$ 时，令 R_L 在 $0\sim1k\Omega$ 范围内取表 7-1 中数据时，分别测出 R_L 两端的电压 U_L 及电路中的电流 I 的值，并记录于表 7-1 中。

(3) 使电源电压 $U_S=15V$，$R_0=300\Omega$ 时，令 R_L 在 $0\sim1k\Omega$ 范围内取表 7-2 中数据时，分别测出 R_L 两端的电压 U_L 及电路中的电流 I 的值，并记录于表 7-2 中。

(4) 根据所测数据算出 P_O、P_L，其中 P_O 为稳压源的输出功率，P_L 为负载 R_L 吸收的功率。

表 7-1　　测量数据记录表 1

$R_L(\Omega)$		20	40	60	80	100	120	140	160	200	300	500	1000
测量值	U_L(V)												
	I(mA)												
计算值	P_O(W)												
	P_L(W)												

表 7-2　　测量数据记录表 2

$R_L(\Omega)$		50	100	150	200	250	300	350	400	450	500	800	1000
测量值	U_L(V)												
	I(mA)												
计算值	P_O(W)												
	P_L(W)												

六、实验注意事项

测量时电压表和电流表的极性要正确。

七、预习思考题

（1）电力系统进行电能传输时，为什么不能工作在匹配工作状态？

（2）实际应用中，电源的内阻是否随负载而变？

（3）电源电压的变化对最大功率传输的条件有无影响？

八、问题与心得

（1）整理实验数据，分别画出两种不同内阻下的下列各关系曲线：

$$I—R_L，U_L—R_L，P_O—R_L，P_L—R_L$$

（2）根据实验结果，说明负载获得最大功率的条件是什么？

（3）心得体会。

实验八　受控源VCVS、VCCS、CCVS、CCCS的研究

一、实验目的

（1）受控源控制系数的测定，进一步理解受控源的物理概念。

（2）加深对受控源的认识和理解。

二、实验相关知识

（1）电源有独立电源（如电池、发电机等）与非独立电源（或称为受控源）之分。

（2）受控源与独立源的不同点是：独立源的电动势 E_S 或电激流 I_S 是某一固定的数值或是时间的某一函数，它不随电路其余部分的状态而改变。而受控源的电动势或电激流则是随电路中另一支路的电压或电流而变的一种电源。

（3）受控源又与无源元件不同，无源元件两端的电压和它自身的电流有一定的函数关系，而受控源的输出电压或电流则和另一支路（或元件）的电流或电压有某种函数关系。

（4）独立源与无源元件是二端器件，受控源则是四端器件，或称为双口元件。它有一对输入端（U_1、I_1）和一对输出端（U_2、I_2）。输入端可以控制输出端电压或电流的大小。施加于输入端的控制量可以是电压或电流，因而有两种受控电压源（即电压控制电压源VCVS和电流控制电压源CCVS）和两种受控电流源（即电压控制电流源VCCS和电流控制电流源CCCS）。它们的示意图见图8-1。

（5）当受控源的输出电压（或电流）与控制支路的电压（或电流）成正比变化时，则称该受控源是线性的。

（6）理想受控源的控制支路中只有一个独立变量（电压或电流），另一个独立变量等于零，即从输入口看，理想受控源或者是短路（即输入电阻 $R_1=0$，因而 $U_1=0$）或者是开路（即输入电导 $G_1=0$，因而输入电流 $I_1=0$）；从输出口看，理想受控源或是一个理想电压源或者是一个理想电流源。

（7）受控源的控制端与受控端的关系式称为转移函数。四种受控源的转移函数参量的定义如下：

1）电压控电压源（VCVS）：$u_2=f(u_1)$，$\mu=u_2/u_1$ 称为转移电压比（或电压增益）。

2）电压控电流源（VCCS）：$i_2=f(u_1)$，$g_m=i_2/u_1$ 称为转移电导。

3）电流控电压源（CCVS）：$u_2=f(i_1)$，$\gamma_m=u_2/i_1$ 称为转移电阻。

4）电流控电流源（CCCS）：$i_2=f(i_1)$，$\alpha=i_2/i_1$ 称为转移电流比（或电流增益）。

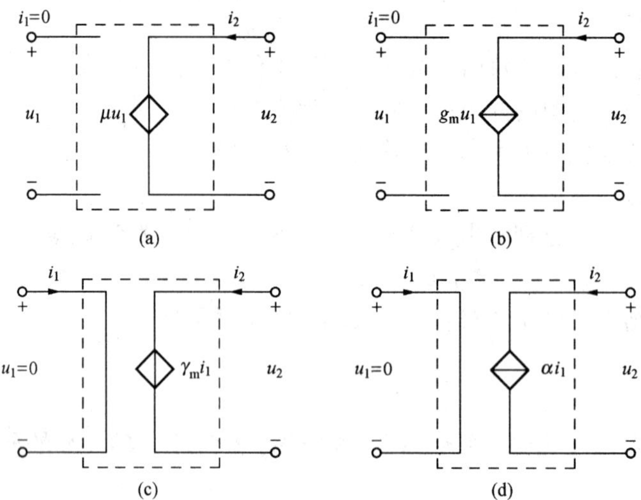

图 8-1 四种受控源

(a) VCVS；(b) VCCS；(c) CCVS；(d) CCCS

三、实验设备

序 号	名 称	型号与规格	数 量	备 注
1	可调直流稳压源	0～30V	1	DG04
2	可调恒流源	0～500mA	1	DG04
3	直流电压表	0～200V	1	D31
4	直流毫安表	0～200mA	1	D31
5	可变电阻箱	0～99 999.9Ω	1	DG09
6	受控源实验电路板		1	DG04

四、实验电路

实验电路如图 8-2～图 8-5 所示。

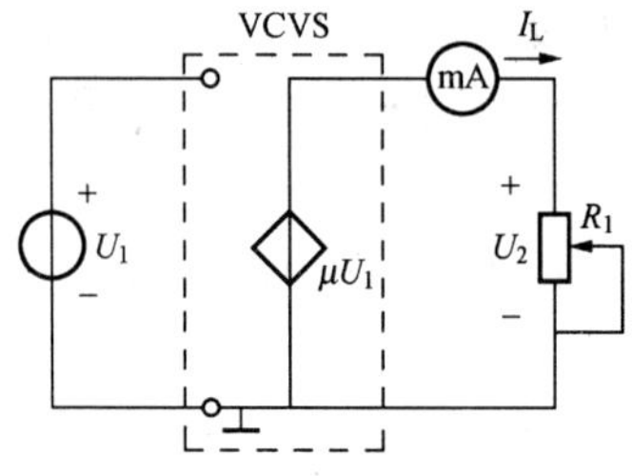

图 8-2 电压控制电压源

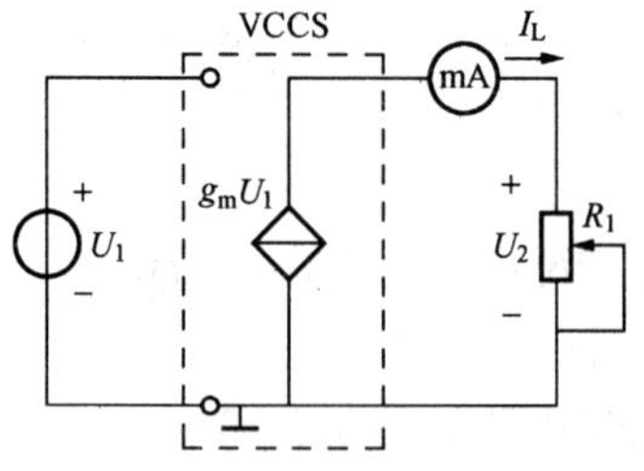

图 8-3 电压控制电流源

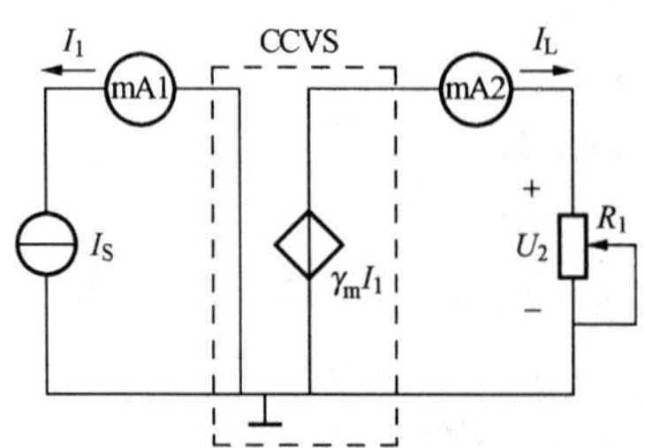

图 8-4 电流控制电压源

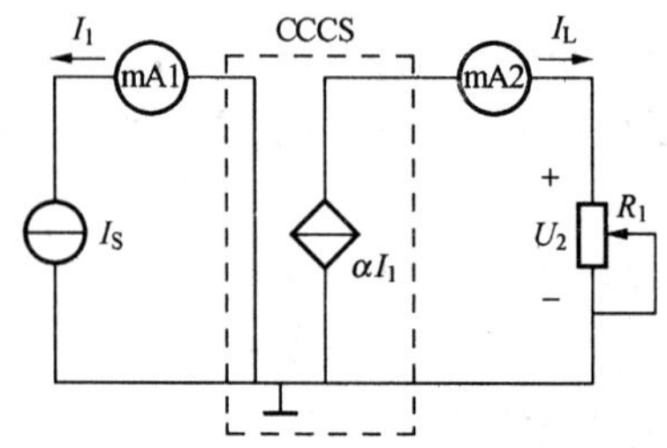

图 8-5 电流控制电流源

五、实验步骤

(1) 测量受控源 VCVS 的转移特性，实验电路见图 8-2。不接电流表，固定 $R_L=2k\Omega$，调节稳压电源输出电压 U_1，按表 8-1 值，测量相应的 U_2 值，记入下表。并求出转移电压比 μ。

表 8-1　　测量数据记录表 1

U_1(V)	0	2	4	5	6	7	8
U_2(V)							
μ							

(2) 测量受控源 VCCS 的转移特性，实验电路见图 8-3。固定 $R_L=2k\Omega$，调节稳压电源的输出电压 U_1，按表 8-2 值，测出相应的 I_L值，并求出转移电导 g_m。

表 8-2　　测量数据记录表 2

U_1(V)	0.1	0.5	1.0	2.0	3.0	3.7	4
I_L(mA)							
g_m							

(3) 测量受控源 CCVS 的转移特性，实验电路见图 8-4。固定 $R_L=2k\Omega$，调节恒流源的输出电流 I_S，按表 8-3 值，测出 U_2，并求出转移电阻 γ_m。

表 8-3　　测量数据记录表 3

I_1(mA)	0.1	1.0	3.0	5.0	7.0	8.0	9.0
U_2(V)							
γ_m							

(4) 测量受控源 CCCS 的转移特性，实验电路见图 8-5。固定 $R_L=1k\Omega$，按表 8-4 中的值调节恒流源的输出电流 I_S，测出 I_L，并求出转移电流比 α。

表 8-4　　测量数据记录表 4

I_1(mA)	0	1	2	3	4	5	6
I_L (mA)							
α							

六、实验注意事项

(1) 每次组装线路，必须事先断开供电电源，但不必关闭电源总开关。

(2) 用恒流源供电的实验中，不要使恒流源的负载开路、恒压源短路。

七、预习思考题

(1) 受控源和独立源相比有何异同点？比较四种受控源的代号、电路模型、控制量与被控量的关系如何？

（2）四种受控源中的 γ_m、g_m、α 和 μ 的意义是什么？如何测得？

（3）若受控源控制量的极性反向，试问其输出极性是否发生变化？

八、问题与心得

（1）如何由两个基本的CCVS和VCCS获得其他两个CCCS和VCVS，它们的输入输出如何连接？

（2）受控源的控制特性是否适合于交流信号？

（3）心得体会。

实验九　交流电路等效参数的测定

一、实验目的

（1）学会用交流电压表、交流电流表和功率表——三表法，学会测量交流电路等效参数的方法。

（2）熟悉单相交流电路的基本公式。

（3）熟悉交流仪器、仪表的使用。

二、实验相关知识

（1）正弦交流电路中的元件的参数 R、L 和 C，可以用交流电压表、交流电流表及功率表分别测量出元件上的电压 U、电流 I 和功率 P，然后通过计算得到。这种方法称为“三表法”。

值得注意的是，被测电路可能是单一的元件，也可能是几个单一元件串、并联组合的无源二端网络，因此测得的参数不一定是某一具体元件的参数，而可能是几个元件对外呈现出的等效参数。

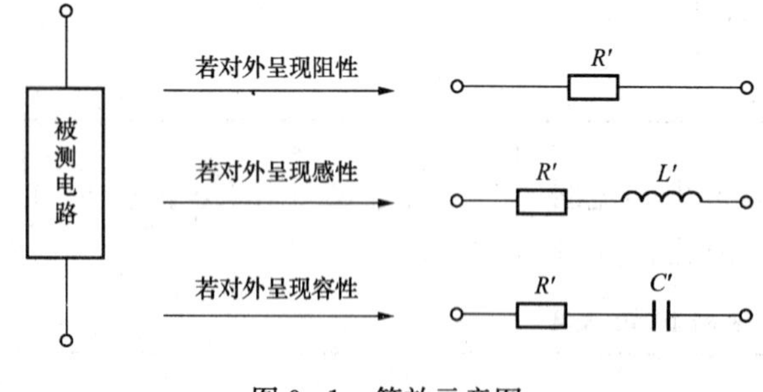

图 9-1　等效示意图

（2）若所测电路对外呈现阻性，则等效参数就是一个电阻，用 R' 表示；若所测电路对外呈现感性，则可以将之等效为一个电阻和一个电感相串联，等效参数就用 R' 和 L' 表示；若所测电路对外呈现容性，则可以将之等效为一个电阻和一个电容相串联，等效参数就用 R' 和 C' 表示。等效示意如图 9-1 所示。

（3）参数计算的基本公式为：

阻抗的模

$$|Z| = \frac{U}{I} = \sqrt{R^2 + X^2}$$

电路的功率因数

$$\cos\varphi = \frac{P}{UI}$$

等效电阻

$$R=\frac{P}{I^2}=|Z|\cos\varphi$$

等效电抗

$$X=|Z|\sin\varphi$$

当被测电路呈现感性时，被测电路的电抗就可以用等效感抗来代替，即 $X=X'_L=2\pi fL'$，则等效电感 $L'=\frac{X}{2\pi f}$。

当被测电路呈现容性时，被测电路的电抗就可以用等效容抗来代替，即 $X=X'_C=\frac{1}{2\pi fC'}$，则等效电容 $C'=\frac{1}{2\pi fX}$。

（4）功率与电压和电流有关，所以功率表中有两组元件，一组是电压元件，一组是电流元件。在接线时电压元件应与负载并联反映负载的电压，电流元件应与负载串联反映负载的电流。但是，由于每一组元件都有两个接线端子，功率表的读数的正负还与这两个元件中电流的方向有关。为了正确接线，在两个元件的某一端子上各做一个相同的标记，如“*”或“±”，把它叫做“电源端”或“发电机端”。接线时应将“电源端”接至电源的同一极性上，以使电流的方向对于“电源端”一致。所以总结功率表的接线原则就是：电流元件与负载“串”，电压元件与负载“并”，“*”端接至电源的同一极性。

三、实验设备

序号	名称	型号与规格	数量	备注
1	交流电压表	0～500V	1	D33
2	交流电流表	0～5A	1	D32
3	功率表		1	D34-3
4	自耦调压器		1	DG01
5	镇流器（电感线圈）	与40W日光灯配用	1	DG09
6	电容器	1、4.7μF，500V	1	DG09
7	白炽灯	15W、220V	3	DG08

四、实验电路

实验电路如图9-2所示。

五、实验步骤

（1）按图9-2接线，将调压器输出置零，方可启动电源。

（2）调节调压器的输出电压为220V。

（3）分别测量被测电路为45W白炽灯、30W日光灯镇流器、4.7μF电容器、镇流器与4.7μF的电容串联和镇流器与4.7μF的电容并联5种情况下的电流、电压和功率，数据记录于表9-1中。

（4）实验完毕，将调压器重新置零，断开电源。

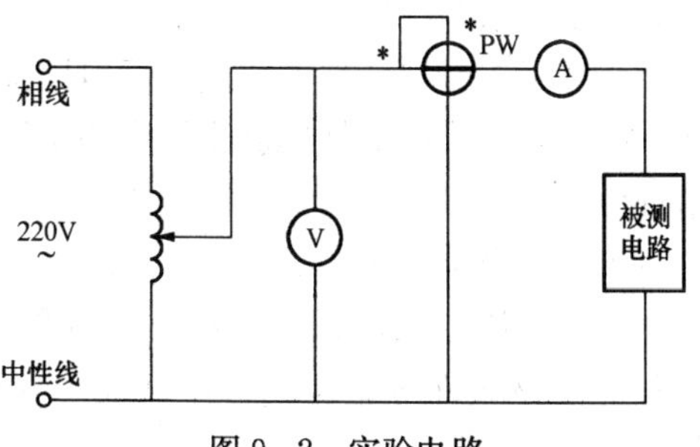

图9-2 实验电路

表 9-1 测量数据记录表

被测电路	测量值			计算值				
	U (V)	I (A)	P (W)	$\|Z\|$ (Ω)	$\cos\varphi$	R' (Ω)	L' (mH)	C' (μF)
15W 白炽灯 3 盏								
电感线圈								
电容器 C（4.7μF）								
线圈与 C 串联								
线圈与 C 并联								

六、实验注意事项

（1）无论在接线还是在改接电路时，一定要断开电源。

（2）自耦调压器在接通电源前，应归零。调节时，使其输出电压从零开始逐渐升高。实验结束和每次改接实验线路时，也应将其归零，再断电源。必须严格遵守这一安全操作规程。

七、预习思考题

（1）在 50Hz 的交流电路中，测得一只铁芯线圈的 P、I 和 U，如何计算线圈的参数。

（2）在交流电路中，电压与电流的比值是什么？

八、问题与心得

（1）根据实验数据，完成各项计算，将计算结果填于表中。

（2）写出计算线圈与电容器 C 串联的等效参数的计算过程。

（3）心得体会。

实验十 *R*、*L*、*C* 元件阻抗频率特性的测定

一、实验目的

（1）验证电阻、感抗、容抗与频率的关系。

（2）学会测定 $R—f$、$X_L—f$ 及 $X_C—f$ 特性曲线。

（3）加深理解 R、L、C 元件端电压与电流间的相位关系。

二、实验相关知识

在正弦交变信号作用下，R、L、C 电路元件在电路中的抗流作用与信号的频率有关，它们的阻抗频率特性 $R—f$、$X_L—f$、$X_C—f$ 曲线如图 10-1 所示。

元件阻抗频率特性的测量原理电路如图 10-2 所示。

图 10-2 中的 r 是提供测量回路电流用的标准小电阻，由于 r 的阻值远小于被测元件的阻抗值，因此可以认为 AB 之间的电压就是被测元件 R、L 或 C 两端的电压，流过被测元件的电流则可由 r 两端的电压除以 r 所得。

若用双踪示波器同时观察 r 及被测元件两端的电压，显示出的也即被测元件两端的电压和流过该元件电流的波形，从而可在荧光屏上测出电压与电流的幅值及它们之间的相位差。

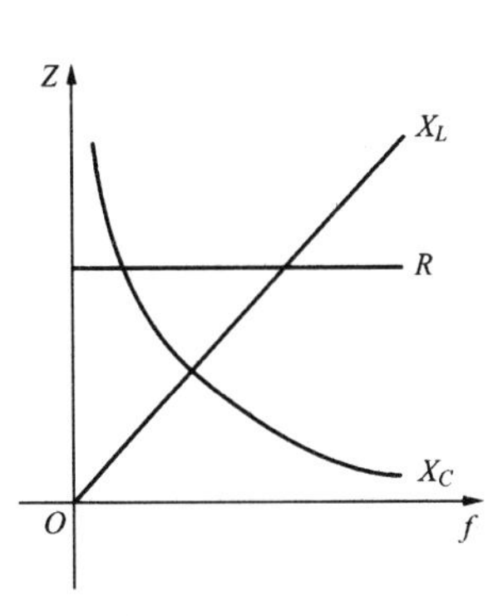

图 10-1　阻抗频率特性

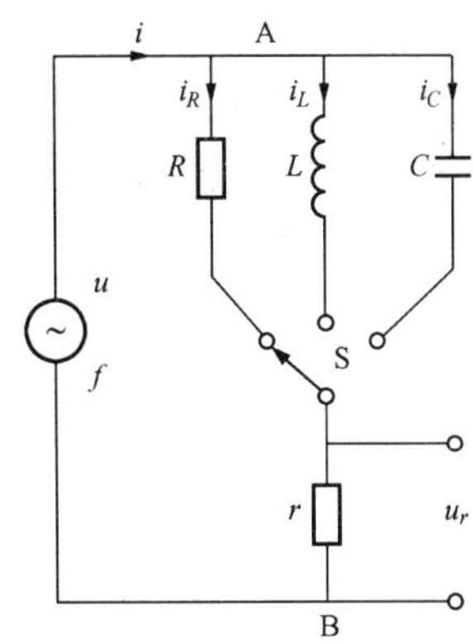

图 10-2　测量原理电路

将元件 R、L、C 串联或并联相接，也可用同样的方法测得 Z_C 与 Z_B 的阻抗频率特性 $Z—f$，根据电压、电流的相位差可判断 Z_C 或 Z_B 是感性还是容性负载。

元件的阻抗角（即相位差 φ）随输入信号的频率变化而改变，将各个不同频率下的相位差画在以频率 f 为横坐标、阻抗角 φ 为纵坐标的坐标纸上，并用光滑的曲线连接这些点，即得到阻抗角的频率特性曲线。

用双踪示波器测量阻抗角的方法如图 10-3 所示。从荧光屏上数得一个周期占 n 格，相位差占 m 格，则实际的相位差 φ（阻抗角）为 $\varphi=m\times\frac{360}{n}$（°）。

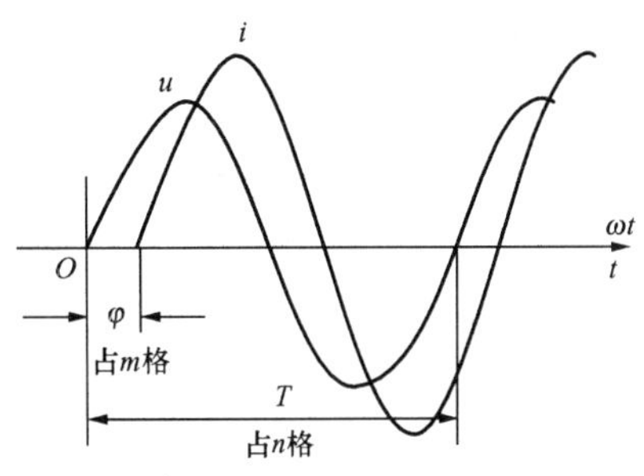

图 10-3　双踪示波器测量阻抗角

三、实验设备

序　号	名　　称	型号与规格	数　　量	备　　注
1	低频信号发生器		1	DG03
2	交流毫伏表	0～600V	1	D83
3	双踪示波器		1	自备
4	频率计		1	DG03
5	实验电路元件	$R=1\text{k}\Omega$，$C=1\mu\text{F}$，$L=1\text{H}$	1	DG09
6	电阻	30Ω	1	DG09

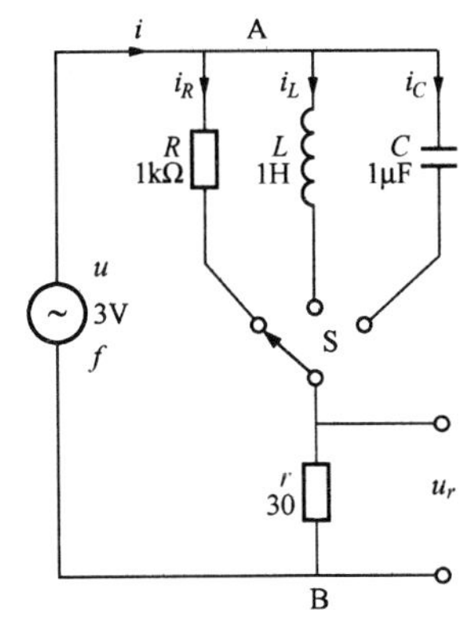

图 10-4　实验电路

四、实验电路

实验电路如图 10-4 所示。

五、实验步骤

（1）测量 R、L、C 元件的阻抗频率特性。通过电缆线将低频信号发生器输出的正弦信号接至如图 10-4 所示的电路，作为激励源 u，并用交流毫伏表测量，使激励电压的有效值为 $U=3\text{V}$，并保持不变。使信号源的输出频率从 200Hz 逐渐增至 5000Hz（用频率计测量），并使开关 S 分别接通 R、L、C 三个元件，用交流毫伏表测量 U_r，并计算各频率点时的 I_R、I_L 和 I_C（即 U_r/r）以及 $R=U/I_R$、$X_L=U/I_L$ 及 $X_C=U/I_C$ 之值，将数据记录于表 10 - 1 中。

注意：在接通 C 测试时，信号源的频率应控制在 200～2500Hz 之间。

(2) 用双踪示波器观察在不同频率下各元件阻抗角的变化情况。按图 10 - 3 记录 n 和 m，算出 φ，将数据记录于表 10 - 1 中。

表 10 - 1 **测量数据记录表**

值	f(kHz)	0.2	0.5	1	1.5	2	2.5	3	3.5	4	4.5	5
测量值	U_r(mV)											
	n(div)											
	m(div)											
计算值	I_R											
	I_L											
	I_C											
	R											
	X_L											
	X_C											
	φ											

(3) 测量 R、L、C 元件串联的阻抗角频率特性。自制表格记录数据。

六、注意事项

(1) 交流毫伏表属于高阻抗电表，测量前必须先调零。

(2) 测量 φ 时，示波器的“U/div”和“t/div”的微调旋钮应旋置“校准”位置。

七、预习思考题

测量 R、L、C 各个元件的阻抗角时，为什么要给它们串联一个小电阻？可否用一个小电感或大电容代替？为什么？

八、问题与心得

(1) 根据实验数据，在方格纸上绘制 R、L、C 三个元件的阻抗频率特性曲线，从中可得出什么结论？

(2) 根据实验数据，在方格纸上绘制 R、L、C 三个元件的阻抗角频率特性曲线，并总结、归纳出结论。

(3) 心得体会。

实验十一　*R*、*L*、*C* 串联电路的研究

一、实验目的

(1) 验证正弦交流电路中，总电压和各元件间的电压、总阻抗和各元件间的阻抗、总视在功率和各元件的功率之间的关系。

(2) 加深对串联电路三种性质的认识。

(3) 加深对电路发生谐振条件、特点的理解。

(4) 知道电路品质因数（Q 值）的物理意义及其计算方法。

二、实验相关知识

如图 11-1 所示，为 R、L、C 的串联电路和相量模型图。

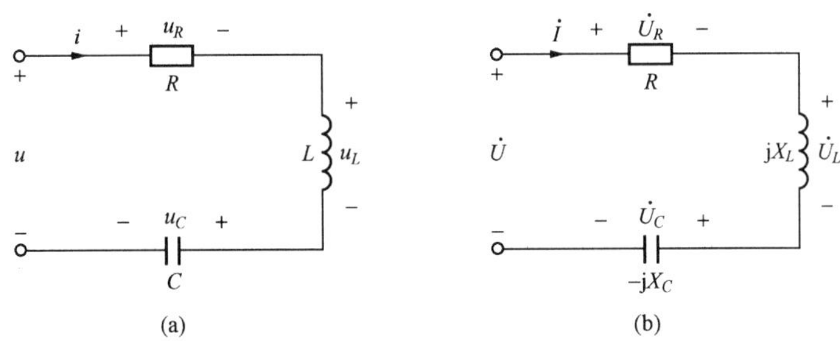

图 11-1　R、L、C 串联电路和相量模型

(a) RLC 串联电路；(b) 相量模型

(1) R、L、C 串联电路有如下关系：

1) 电压关系

$$\dot{U}=\dot{U}_R+\dot{U}_L+\dot{U}_C \quad U=\sqrt{U_R^2+(U_L-U_C)^2}$$

2) 阻抗关系

$$|Z|=\sqrt{R^2+(X_L-X_C)^2}$$

3) 功率关系

$$S=\sqrt{P^2+(Q_L-Q_C)^2}$$

图 11-2 为电压、阻抗、功率三角形。

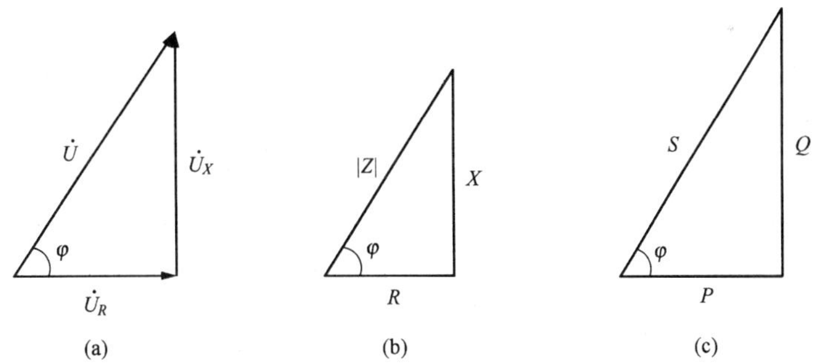

图 11-2　电压、阻抗、功率三角形

(a) 电压三角形；(b) 阻抗三角形；(c) 功率三角形

(2) 电路的三种性质：

1) 当 $\omega L>\frac{1}{\omega C}$时，$X>0$，$\varphi>0$，$U_X>0$，$Q>0$ 电路呈感性。

2) 当 $\omega L<\frac{1}{\omega C}$时，$X<0$，$\varphi<0$，$U_X<0$，$Q<0$ 电路呈容性。

3) 当 $\omega L=\frac{1}{\omega C}$时，$X=0$，$\varphi=0$，$U_X=0$，$Q=0$ 电路呈电阻性，也叫谐振状态。

谐振角频率

$$\omega_0=\frac{1}{\sqrt{LC}}$$

谐振频率

$$f_0 = \frac{1}{2\pi\sqrt{LC}}$$

特性阻抗

$$\rho = \omega_0 L = \frac{1}{\omega_0 C} = \sqrt{\frac{L}{C}}$$

品质因数

$$Q = \frac{\rho}{R} = \frac{\omega_0 L}{R} = \frac{1}{R\omega_0 C} = \frac{1}{R}\sqrt{\frac{L}{C}}$$

（3）电路串联谐振时的主要特征：

1）阻抗最小，$|Z|=R$，外加电压 U 一定时，电流具有最大值 $I_0=U/R$，I_0 称为串联谐振电流。

2）总电压与电流同相位，电路呈现纯电阻性质。

3）当品质因数 $Q\gg 1$ 时，$U_L=U_C\gg U_R=U$，即电感和电容上的电压远远高于电路的总电压。电信工程和无线电技术中，常利用这一特点使所接收的微弱信号变强。而电力工程上常要避免发生串联谐振现象，以免产生过电流、大电压，损坏电感线圈、电容器或其他电气设备。

三、实验设备

序　号	名　　称	型号与规格	数　　量	备　　注
1	交流电压表	0～500V	1	D33
2	交流电流表	0～5A	1	D32
3	功率表		1	D34-3
4	自耦调压器		1	DG01
5	镇流器（电感线圈）	与 40W 日光灯配用	1	DG09
6	电容器		6	DG09

四、实验电路

实验电路如图 11 - 3 所示。

五、实验步骤

（1）按图 11 - 3 接线，将调压器输出置零，方可启动电源。

（2）图中的电容器用 DG09 上的 U、V 两相的电容并联而成。电源启动前先随便开一个电容即可。

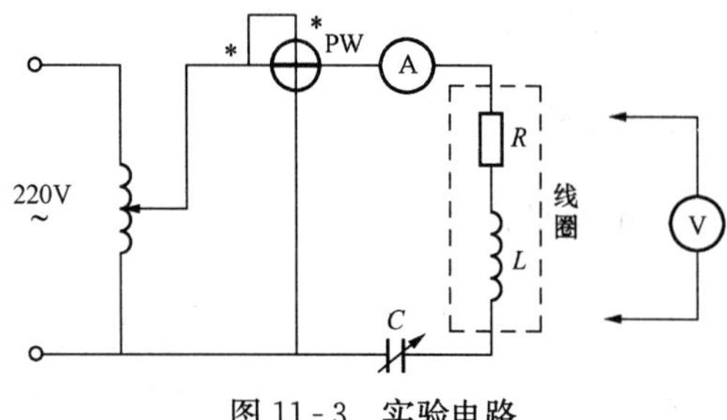

图 11 - 3　实验电路

（3）调节调压器的输出电压为 30V。

（4）先将电路调至谐振状态，观察现象并测量数据。方法是：

1）多功能功率表置于测量功率因数状态。

2）调节电容的大小使功率因数等于 1，此时电路处于谐振状态。在调节过中注意观察电流表的数据变化情况。

3）记录电路中的电流 I、功率 W 和功率因数 $\cos\varphi$。

4）测量线圈、电容两端的电压和总电压。

(5) 增大电容，使电路中的功率因数为 0.5～0.7，此时电路呈现感性状态，重复以上的测量。

(6) 减小电容，使电路中的功率因数在容性 0.5～0.7，此时电路呈现容性状态，重复以上的测量。

以上数据均记录于表 11-1 中。

(7) 实验完毕，将调压器重新置零，断开电源。

表 11-1　　测量数据记录表

状态	谐振状态			感性状态			容性状态		
	全电路	线圈	电容	全电路	线圈	电容	全电路	线圈	电容
U(V)									
I(A)									
P(W)									
$\cos\varphi$									

六、实验注意事项

(1) 自耦调压器在接通电源前，应将其手柄置零。调节时，使其输出电压从零开始逐渐升高。每次改接实验线路都必须先将其手柄置零，再断电源。必须严格遵守这一安全操作规程。

(2) 当实验中通过调节电容达不到谐振状态时，可以将总电压稍作微调，使电路谐振，但务必不要大于 40V，否则谐振时镇流器上的电压将会超过它的正常使用电压，被损坏。

(3) 电容上的介质损耗可以忽略不计。

七、预习思考题

(1) 镇流器的电路模型是什么？

(2) 改变电路的哪些参数可以使电路发生谐振，电路中 R 的数值是否影响谐振频率值？

(3) 在不知电路功率因数的情况下，如何根据电流和电压判断电路是否发生谐振？

(4) 什么是电路的特性阻抗和品质因数？

八、问题与心得

(1) 根据实验数据，完成表 11-2 的数据计算。

表 11-2　　计算数据记录表

状态	U_R	U_L	U_C	$\lvert Z\rvert$	X_L	X_C	S	Q_L	Q_C
谐振状态									
感性状态									
容性状态									

(2) 本实验在谐振时，对应的 U_L 与 U_C 是否相等？如有差异，原因何在？

（3）如果没有功率因数表，如何判断 R、L、C 串联电路的三种工作状态？

（4）心得体会。

实验十二　R、L、C 串联电路的幅频特性的测量

一、实验目的

（1）学会测量并绘制 R、L、C 串联电路的幅频特性曲线。

（2）加深对电路发生谐振的条件、特点的认识。

（3）掌握电路品质因数（电路 Q 值）的物理意义及其测定方法。

二、实验相关知识

（1）在图 12-1 所示的 R、L、C 串联电路中，当正弦交流信号源的频率 f 改变时，电路中的感抗、容抗随之而变，电路中的电流也随 f 而变。

$$|Z| = \sqrt{R^2 + (X_L - X_C)^2} = \sqrt{R^2 + (\omega L - \frac{1}{\omega C})^2}$$

$$I = \frac{U_i}{|Z|} = \frac{U_i}{\sqrt{R^2 + \left(\omega L - \frac{1}{\omega C}\right)^2}}$$

以电路中电流的有效值 I 为纵坐标，以 f 为横坐标，绘制出的电流的有效值 I 随频率 f 的变化曲线就叫幅频特性曲线，也叫谐振曲线。

在实验中如果取电阻 R 上的电压 U_o 作为响应，当输入电压 u_i 的幅值维持不变时，在不同频率的信号激励下，测出 U_o 之值，然后以 f 为横坐标，以 U_o/R 为纵坐标（因 R 不变，故也可直接以 U_o 为纵坐标），绘出光滑的曲线，此即为幅频特性曲线，如图 12-2 所示。

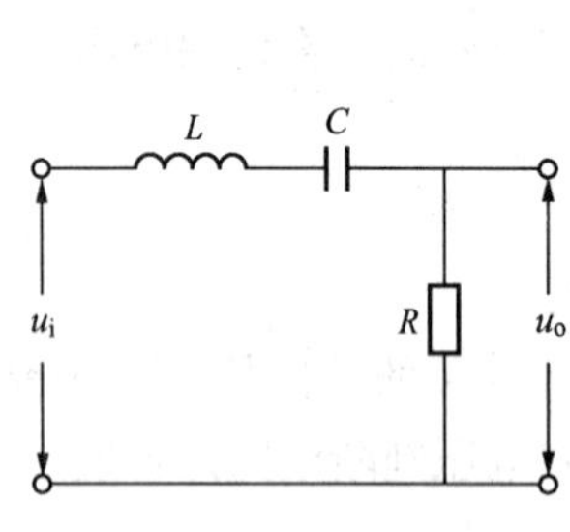

图 12-1　R、L、C 串联电路

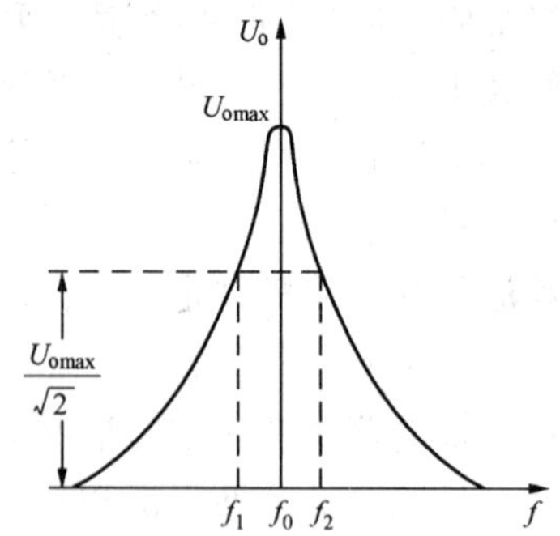

图 12-2　串联谐振电路的谐振曲线

（2）在 $f = f_0 = \frac{1}{2\pi\sqrt{LC}}$ 处，即幅频特性曲线尖峰所在的频率点称为谐振频率。此时 $X_L = X_C$，电路呈纯阻性，电路阻抗的模为最小。在输入电压 U_i 为定值时，电路中的电流达到最大值，且与输入电压 U_i 同相位，故又称为电压谐振。从理论上讲，此时 $U_L = U_C = QU_i$，式中的 Q 称为电路的品质因数。当 $X_L > X_C$ 时，电路呈感性，电压超前于电流，即 $f > f_0$；当 $X_L < X_C$ 时，电路呈容性，电压滞后于电流，即 $f < f_0$。

（3）电路品质因数 Q 值的两种测量方法：一是根据公式 $Q = \frac{U_L}{U_i} = \frac{U_C}{U_i}$ 测定，U_C 与 U_L 分

别为谐振时电容器 C 和电感线圈 L 上的电压；另一方法是通过测量谐振曲线的通频带宽度 $\Delta f=f_2-f_1$，再根据 $Q=\frac{f_0}{f_2-f_1}$ 求出 Q 值。式中 f_0 为谐振频率，f_2 和 f_1 是失谐时，亦即输出电压的幅度下降到最大值的 $1/\sqrt{2}$（0.707）倍时的上、下频率点。Q 值越大，曲线越尖锐，通频带越窄，电路的选择性越好。在恒压源供电时，电路的品质因数、选择性与通频带只决定于电路本身的参数，而与信号源无关。

三、实验设备

序 号	名 称	型号与规格	数 量	备 注
1	低频函数信号发生器		1	DG03
2	交流毫伏表（交流电压表）	0～500V	1	D83
3	谐振电路实验电路板	R=200Ω、1kΩ C=0.01、0.1μF L=30mH	各 1	DG07
4	频率计		1	DG03

四、实验电路

实验电路如图 12-3 所示。

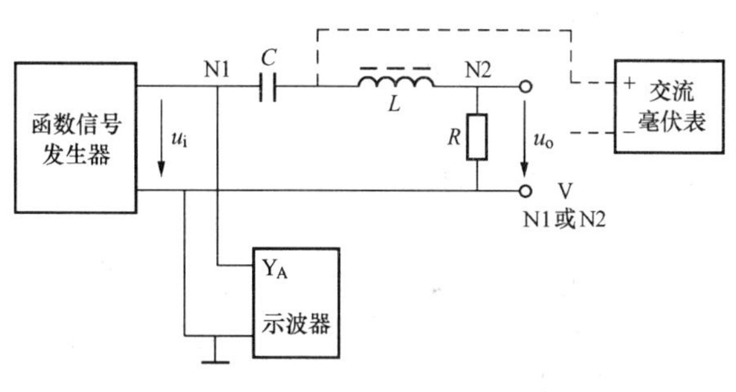

图 12-3 实验电路

（1）按图 12-3 接线。用函数信号发生器的正弦输出信号作为 u_i，令信号源输出电压的峰值为 U_i=4V，并保持不变。将 u_i 和 u_o 接入双踪示波器的两个 y 轴输入端。电路和各元件的参考值先选用 C=0.01μF、R=200Ω、L=30mH。

（2）测量电路的谐振频率 f_0，其方法是：在示波器上先观测 u_i、u_o 两波形，改变 u_i 的频率 f，先定性观察 u_o 的变化，再定量测量 u_o 随 f 的变化。当取样电阻两端接的交流毫伏表指示值最大时，而且电容、电感两端电压相等，此时的频率值即为电路的谐振频率 f_0。

（3）在谐振点两侧，按频率递增或递减 500Hz 或 1kHz，依次各取 8 个测量点，包括谐振点，逐点测出 U_O，U_L，U_C 之值，数据记入表 12-1 中。

注意，为了较准确地测出谐振频率 f_0 及谐振曲线，应根据 u_R 的变化规律选取测量点，在 f_0 附近应多选几个点，测得密些，而在远离 f_0 处则可测得稀些。

表 12-1　　测量数据记录表 1

f(Hz)														
U_O(V)														
U_L(V)														
U_C(V)														
U_i=4V(P－P)，　C=0.01μF，　R=200Ω，　f_0=　　，　Q=														

（4）将电阻改为 R=1000Ω，重复步骤 2、3 的测量过程，逐点测出 U_O，U_L，U_C 之值，

数据记入表 12 - 2 中。

表 12 - 2　　测量数据记录表 2

f(Hz)														
U_O(V)														
U_L(V)														
U_C(V)														
U_i=4V(P—P)，　C=0.01μF，　R=1000Ω，　f_0=　　，　Q=														

(5) 选 C=0.1μF，重复步骤（2）～（4）（自制表格）。

五、注意事项

(1) 测试频率点的选择应在靠近谐振频率附近多取几点。在变换频率测试前，应调整信号输出幅度，使其维持在 4V(P—P)。

(2) 测量 U_C 和 U_L 数值前，应将毫伏表的量限改大。

(3) 实验中，信号源的外壳应与毫伏表的外壳绝缘（不共地）。如能用浮地式交流毫伏表测量，则效果更佳。

(4) 更换元件时，应将函数信号发生器的输出电压调至零。

(5) 使用晶体管毫伏表测量电压时，每次改变量程，都应校正零点。

六、预习思考题

(1) 根据实验线路板给出的元件参数值，估算电路的谐振频率。

(2) 改变电路的哪些参数可以使电路发生谐振，电路中 R 的数值是否影响谐振频率值？

(3) 如何判别电路是否发生谐振？测试谐振点的方案有哪些？

(4) 要提高 R、L、C 串联电路的品质因数，电路参数应如何改变？

七、问题与心得

(1) 根据测量数据，绘出不同 Q 值的幅频特性曲线 U_O—f，由曲线测出通频带宽度 Δf。

(2) 用原理中介绍的两种方法，计算电路的品质因数。

(3) 谐振时，为什么电感和电容上产生的电压比电源的总电压还大？

(4) 心得体会。

实验十三　功率因数的提高

一、实验目的

(1) 掌握提高用户功率因数对电力系统的意义。

(2) 验证并联电容可以提高功率因数的正确性。

(3) 了解日光灯的原理，掌握其接线方法。

二、实验相关知识

1. 系统功率因数低所造成的不良后果

(1) 使电源的容量不能充分利用。

(2) 增加线路上的电能损耗。

(3) 增加线路中的电压降。

2. 并联电容提高电路功率因数的原理

R、L 串联和 C 并联的电路，各支路中的电流应满足相量形式的基尔霍夫电流定律，即 $\dot{I}=\dot{I}_L+\dot{I}_C$，原理电路图和相量图如图 13-1 所示。

3. 日光灯接线电路及原理

（1）日光灯接线电路如图 13-2 所示，其基本构成部件有日光灯管、镇流器、启辉器。

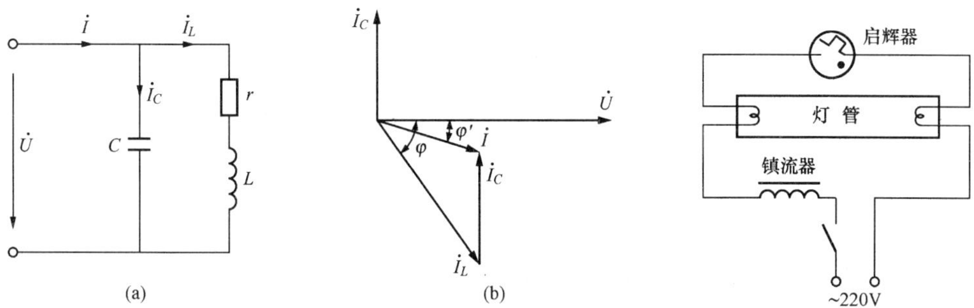

图 13-1　并联电容提高功率因数的原理电路图和相量图
（a）原理电路图；（b）相量图

图 13-2　日光灯接线电路

（2）日光灯的工作原理：当开关接通的时候，电源电压通过镇流器和灯管灯丝加到启辉器的两极。220V 的电压立即使启辉器的惰性气体电离，产生辉光放电。辉光放电的热量使双金属片受热膨胀，动、静触头接触，使电流通过镇流器、启辉器触极和两端灯丝构成通路。灯丝很快被电流加热，发射出大量电子。这时，由于启辉器两极闭合，两极间电压为零，辉光放电消失，管内温度降低，使双金属片自动复位，两极断开。在两极断开的瞬间，电路电流突然切断，镇流器产生很大的自感电动势，与电源电压叠加后作用于灯管两端。灯丝受热时发射出来的大量电子，在灯管两端高电压作用下，以极大的速度由低电动势端向高电动势端运动。在加速运动的过程中，碰撞管内氩气分子，使之迅速电离。氩气电离生热，热量使水银产生蒸气，随之水银蒸气也被电离，并发出强烈的紫外线。在紫外线的激发下，管壁内的荧光粉发出近乎白色的可见光。

日光灯正常发光后，由于交流电不断通过镇流器的线圈，线圈中产生自感电动势，自感电动势阻碍线圈中的电流变化，这时镇流器起降压限流的作用，使电流稳定在灯管的额定电流范围内，灯管两端电压也稳定在额定工作电压范围内。由于这个电压低于启辉器的电离电压，所以并联在两端的启辉器也就不再起作用了。

三、实验设备

序　号	名　　称	型号与规格	数　　量	备　　注
1	交流电压表	0～500V	1	D33
2	交流电流表	0～5A	1	D32
3	功率表		1	D34-3
4	自耦调压器		1	DG01
5	镇流器、启辉器	与 40W 灯管配用	各 1	DG09
6	日光灯灯管	40W	1	屏内
7	电容器	1、2.2、4.7μF，500V	各 1	DG09
8	电流插座		3	DG09

四、实验电路

实验电路如图 13－3 所示。

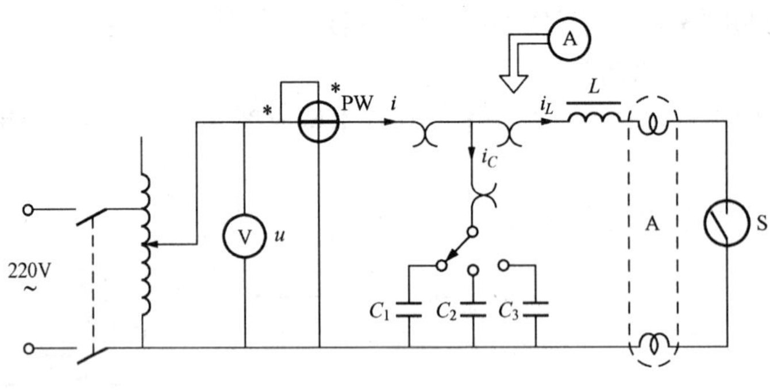

图 13－3　实验电路

五、实验步骤

（1）按图 13－3 所示实验电路接线。

（2）将自耦调压器的输出调至零位。

（3）启动电源按钮，将自耦调压器的输出调至 220V，在不并电容的情况下，记录功率表、电压表读数，用电流表测出各支路中的电流。

（4）分别将 1、2.2、4.7μF 3 个大小不同的电容并灯管两端，重复以上的测量。以上实验数据均记录于表 13－1 中。

表 13－1　　**测量数据记录表**

电容值	测 量 数 值					计算值
(μF)	P(W)	U(V)	I(A)	I_L(A)	I_C(A)	$\cos\varphi$
0						
1						
2.2						
4.7						

六、实验注意事项

（1）本实验用交流市电 220V，务必注意用电和人身安全，切勿将电流表插头的接线两端插在三相电源的插孔中，以免造成巨大危险。

（2）本实验中功率表在接入电路时，电流元件应与负载串联，电压元件应与负载并联，发电机端“*”应在电源的同一极性上。

（3）若线路接线正确，日光灯不能启辉时，应检查启辉器接触是否良好或检查灯管两侧的熔丝是否熔断。

七、预习思考题

（1）日光灯的工作原理是怎样的？

（2）在日常生活中，当日光灯上缺少了启辉器时，人们常用一根导线将启辉器的两端短接一下，然后迅速断开，使日光灯点亮。若用短接按钮，它可以代替启辉器吗？

（3）为了改善电路的功率因数，常在感性负载上并联电容器，此时增加了一条电流支路，试问电路的总电流是增大还是减小？此时感性元件上的电流和功率是否改变？

（4）提高线路功率因数为什么只采用并联电容器法，而不用串联法？所并的电容器是否越大越好？

八、问题与心得

（1）根据实验数据完成表 13-1 中的计算。

（2）实验数据中，总电流与电感支路和电容支路中电流是什么关系？

（3）根据实验数据画出并联电容提高功率因数的相量图。

（4）心得体会。

实验十四　三相负载的星形与三角形连接电路的研究

一、实验目的

（1）掌握三相负载作星形连接、三角形连接的方法。

（2）验证对称电路中线电压与相电压及线电流与相电流之间的关系。

（3）学会分析负载不对称时产生的现象。

（4）对三相四线供电系统中中性线的作用有更深刻的认识。

二、实验原理

三相负载可接成星形（又称 Y 接）或三角形（又称 D 接），如图 14-1 所示。

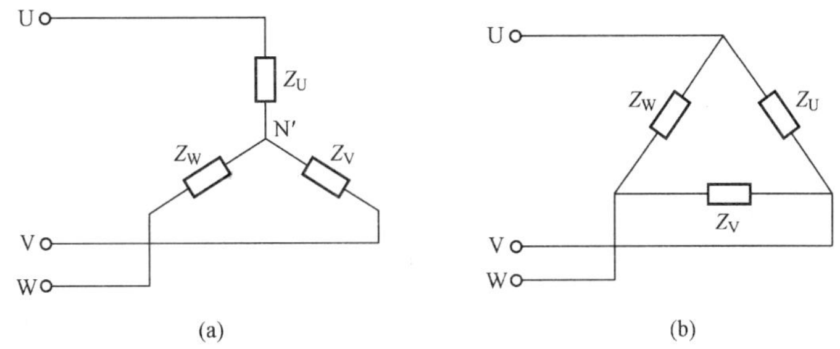

图 14-1　负载的星形连接和三角形连接

（a）负载的星形连接；（b）负载的三角形连接

（1）当三相负载作 Y 连接时，$I_l=I_p$。若负载对称，则 $U_l=\sqrt{3}U_p$；若负载不对称又分为以下两种情况：

1）无中线时，$U_l\neq\sqrt{3}U_p$，原因是中性点电位发生了位移。若忽略中线的阻抗则中点电压为

$$\dot{U}_{N'N}=\frac{\dot{U}_U Y_U+\dot{U}_V Y_V+\dot{U}_W Y_W}{Y_U+Y_V+Y_W}\neq 0$$

2）有中线时，$U_l=\sqrt{3}U_p$，在这种情况下，流过中线的电流 $I_N\neq 0$。中线的作用就是抑制中性点电位发生位移，使得相电压保持对称。

不对称三相负载作星形连接时，必须采用三相四线制接法，即 Y_0 接法。而且中线必须牢固连接，以保证三相不对称负载的每相电压维持基本对称。倘若中线断开，会导致三相负载电压的不对称，致使负载轻的那一相的相电压过高，使负载损坏；负载重的一相相电压又

过低，使负载不能正常工作。如三相照明负载，由于其很难保持对称，所以一律采用 Y_0 接法。

(2) 当三相负载作三角形连接时，$U_l=U_p$。

1) 若负载对称：$I_l=\sqrt{3}I_p$

2) 若负载作不对称：$I_l\neq\sqrt{3}I_p$，但只要电源的线电压 U_l 对称，加在三相负载上的电压仍是对称的，对各相负载工作没有影响。

三相负载作三角形连接时，某一相负载改变时，不影响其他两相负载的正常工作。

三、实验设备

序号	名　　称	型号与规格	数　　量	备　　注
1	交流电压表	0～500V	1	D33
2	交流电流表	0～5A	1	D32
3	三相自耦调压器		1	DG01
4	三相灯组负载	220V、15W 白炽灯	9	DG08
5	电流插孔		3	DG09

四、实验电路

实验电路如图 14－2 和图 14－3 所示。

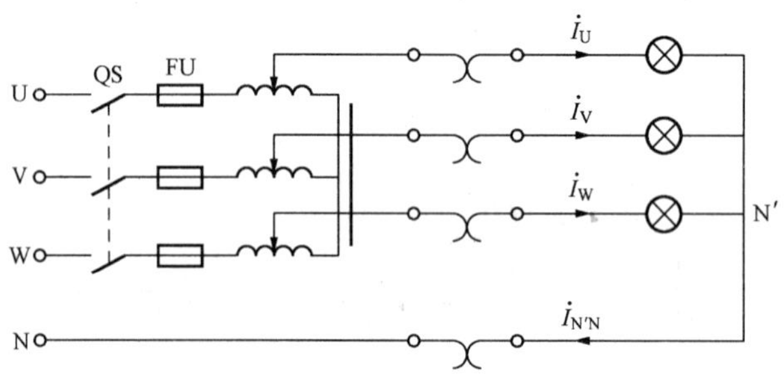

图 14－2　三相负载的星形连接电路

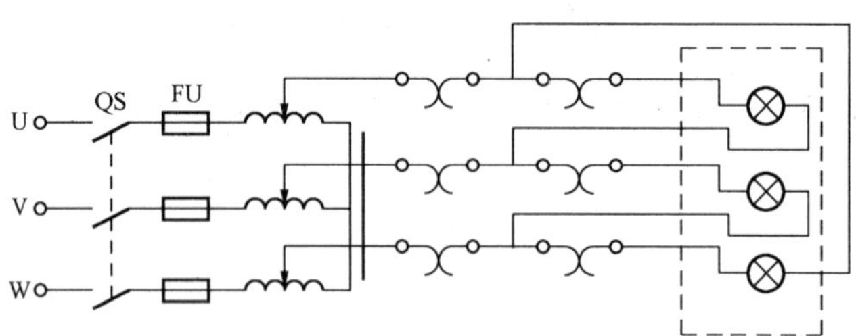

图 14－3　三相负载的三角形连接电路

五、实验步骤

1. 三相负载星形连接

(1) 按图 14－2 接线，检查三相调压器的输出是否在零位（即逆时针旋到底）。

(2) 经指导教师检查后开启电源，调节调压器的输出，使线电压为 200V。

(3) 按表 14－1 中所列实验项目，分别测量三相负载的线电压、相电压、线电流、相电流、中线电流、电源与负载中点间的电压。将所测得的数据记入其中，并观察各相灯组亮、暗的变化情况，特别要注意观察中线的作用。

（4）测量完毕将调压器归零，关掉电源。

表 14-1　　测量数据记录表 1

负载情况 \ 测量数据		开灯盏数			线电流（A）			线电压（V）			相电压（V）			中线电流 $I_{N'N}$（A）	中点电压 $U_{N'N}$（V）
		U 相	V 相	W 相	I_U	I_V	I_W	U_{UV}	U_{VW}	U_{WU}	U_U	U_V	U_W		
负载对称	无中线	3	3	3											
	有中线	3	3	3											
负载不对称	无中线	1	2	3											
	有中线	1	2	3											
V 相负载断	无中线	3	0	3											
	有中线	3	0	3											
V 相短路无中线		3	0	3											

2. 三相负载三角形连接

（1）按图 14-3 接线，检查三相调压器的输出是否在零位（即逆时针旋到底）。

（2）经指导教师检查后接通三相电源，并调节调压器，使其输出线电压为 200V。

（3）按表 14-2 的内容进行测试并记录。

（4）测量完毕将调压器归零，关掉电源。

表 14-2　　测量数据记录表 2

负载情况 \ 测量数据	开灯盏数			相电压（V）			线电流（A）			相电流（A）		
	U—V 相	V—W 相	W—U 相	U_{UV}	U_{VW}	U_{WU}	I_U	I_V	I_W	I_{UV}	I_{VW}	I_{WU}
负载对称	3	3	3									
负载不对称	1	2	3									
V 相负载断开	3	0	3									
U 相电源断开	3	3	3									

六、实验注意事项

（1）本实验采用三相交流电，线电压为 200V，实验时要注意人身安全，切勿将电流表插头的接线两端插在三相电源的插孔中，以免造成巨大危险。

（2）通电之前一定要检查调压器是否归零，以免接通电源时，加在灯泡两端的电压过大使之损坏。

（3）每次接线完毕，同组同学应自查一遍，然后由指导教师检查后，方可接通电源。

（4）做星形负载某相短路实验时，必须首先断开中线，以免发生短路事故。

（5）务必在接线、改线、拆线时断开电源。

七、预习思考题

(1) 三相负载根据什么条件作星形或三角形连接?

(2) 复习三相交流电路有关内容，试分析三相星形连接负载在无中线情况下，当某相负载开路或短路时会出现什么现象?如果接上中线，情况又如何?

八、问题与心得

(1) 通过实验数据总结在三相电路中什么情况下 $U_l=\sqrt{3}U_p$?什么情况下 $I_l=\sqrt{3}I_p$?

(2) 用实验数据和观察到的现象，总结中线的作用。

(3) 本次实验中直接用 380V 的线电压可以吗?为什么?

(4) 心得体会。

实验十五　RC 一阶电路的响应测试

一、实验目的

(1) 测定 RC 一阶电路的零输入响应、零状态响应及完全响应。

(2) 学习电路时间常数的测量方法。

(3) 掌握有关微分电路和积分电路的概念。

(4) 学会用示波器观测波形。

二、原理说明

(1) 动态网络的过渡过程是十分短暂的单次变化过程。要用普通示波器观察过渡过程和测量有关的参数，就必须使这种单次变化的过程重复出现。为此，利用信号发生器输出的方波来模拟阶跃激励信号，即利用方波输出的上升沿作为零状态响应的正阶跃激励信号，利用方波的下降沿作为零输入响应的负阶跃激励信号。只要选择方波的重复周期远大于电路的时间常数 τ，那么电路在这样的方波序列脉冲信号的激励下，它的响应就和直流电接通与断开的过渡过程是基本相同的。

(2) 图 15-1 (a) 所示的 RC 一阶电路的零输入响应和零状态响应分别按指数规律衰减和增长，其变化的快慢决定于电路的时间常数 τ。

(3) 时间常数 τ 的测定方法：用示波器测量零输入响应的波形如图 15-1 (b) 所示。根据一阶微分方程的求解得知 $u_C=U_m e^{-t/(RC)}=U_m e^{-t/\tau}$。当 $t=\tau$ 时，$U_C(\tau)=0.368U_m$。此时所对应的时间就等于 τ。亦可用零状态响应波形增加到 $0.632U_m$ 所对应的时间测得，如图 15-1 (c) 所示。

(4) 微分电路和积分电路是 RC 一阶电路中较典型的电路，它对电路元件参数和输入信号的周期有着特定的要求。一个简单的 RC 串联电路，在方波序列脉冲的重复激励下，当满足 $\tau=RC\ll\frac{T}{2}$ 时 (T 为方波脉冲的重复周期)，且由 R 两端的电压作为响应输出，则该电路就是一个微分电路。因为此时电路的输出信号电压与输入信号电压的微分成正比。如图 15-2 (a) 所示。利用微分电路可以将方波转变成尖脉冲。

若将图 15-2 (a) 中的 R 与 C 位置调换一下，如图 15-2 (b) 所示，由 C 两端的电压作为响应输出，且当电路的参数满足 $\tau=RC\gg\frac{T}{2}$，则该 RC 电路称为积分电路。因为此时电

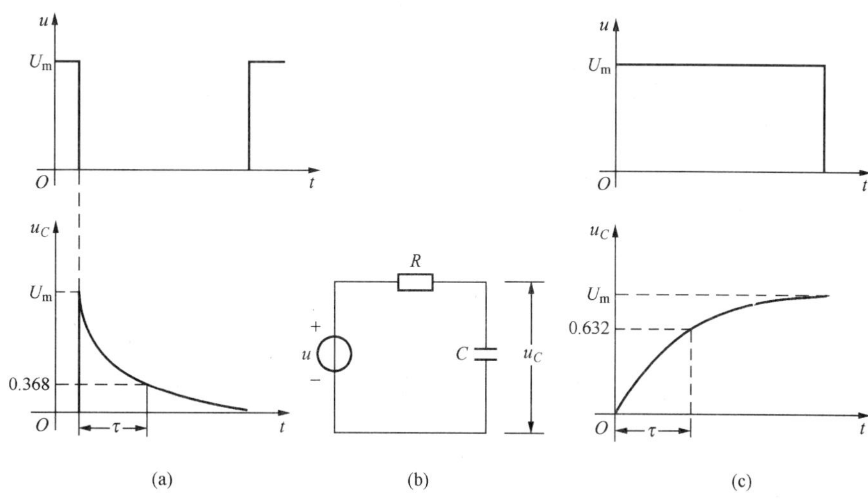

图 15-1　RC 一阶电路响应测试电路及响应波形

(a) 零输入响应；(b) RC 一阶电路；(c) 零状态响应

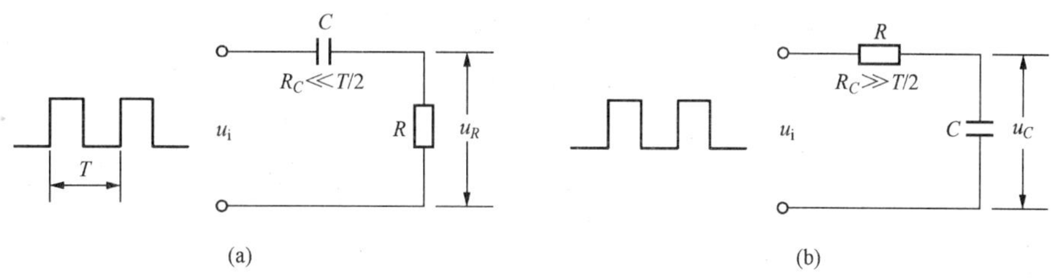

图 15-2　微分与积分电路

(a) 微分电路；(b) 积分电路

路的输出信号电压与输入信号电压的积分成正比。利用积分电路可以将方波转变成三角波。

从输入输出波形来看，上述两个电路均起着波形变换的作用，请在实验过程仔细观察与记录。

三、实验设备

序号	名　　称	型号与规格	数　　量	备　　注
1	函数信号发生器		1	
2	双踪示波器		1	自备
3	动态电路实验板		1	DGJ-03

四、实验电路

实验电路如图 15-3 所示。

五、实验步骤

实验线路板的器件组件，如图 15-3 所示，请认清 R、C 元件的布局及其标称值，各开关的通断位置等。

(1) 从电路板上选 $R=10\text{k}\Omega$，$C=6800\text{pF}$ 组成如图 15-1 (b) 所示的 RC 充放电电路。u_i 为脉冲信号发生器输出的 $U_m=3\text{V}$、$f=1\text{kHz}$ 的方波电压信号，并通过两根同轴电缆线，

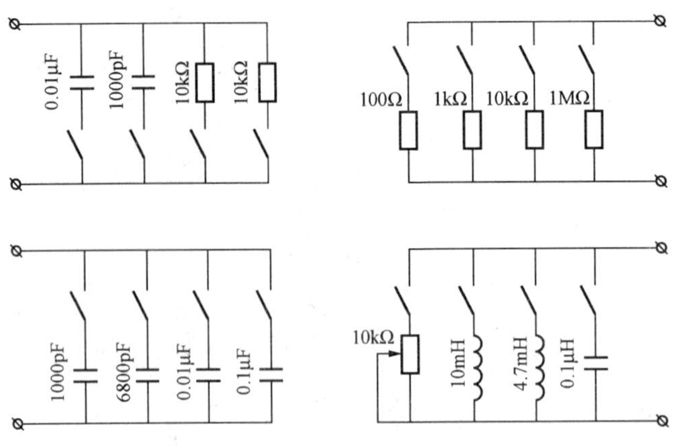

图 15-3 实验电路

将激励源 u_i 和响应 u_C 的信号分别连至示波器的两个输入口 Y_A 和 Y_B。这时可在示波器的屏幕上观察到激励与响应的变化规律，请测算出时间常数 τ，并用方格纸按 1∶1 的比例描绘波形。

少量地改变电容值或电阻值，定性地观察对响应的影响，记录观察到的现象。

(2) 令 $R=10\text{k}\Omega$，$C=0.1\mu\text{F}$，观察并描绘响应的波形，继续增大 C 之值，定性地观察对响应的影响。

(3) 令 $C=0.01\mu\text{F}$，$R=100\Omega$，组成如图 15-2 (a) 所示的微分电路。在同样的方波激励信号 ($U_m=3\text{V}$，$f=1\text{kHz}$) 作用下，观测并描绘激励与响应的波形。增减 R 之值，定性地观察对响应的影响，并作记录。当 R 增至 1MΩ 时，观察输入输出波形有何本质上的区别。

六、实验注意事项

(1) 调节电子仪器各旋钮时，动作不要过快、过猛。实验前，需熟读双踪示波器的使用说明书。观察双踪时，要特别注意相应开关、旋钮的操作与调节。

(2) 信号源的接地端与示波器的接地端要连在一起（称共地），以防外界干扰而影响测量的准确性。

(3) 示波器的辉度不应过亮，尤其是光点长期停留在荧光屏上不动时，应将辉度调暗，以延长示波管的使用寿命。

七、预习思考题

(1) 什么样的电信号可作为 RC 一阶电路零输入响应、零状态响应和完全响应的激励源?

(2) 已知 RC 一阶电路 $R=10\text{k}\Omega$，$C=0.1\mu\text{F}$，试计算时间常数 τ，并根据 τ 值的物理意义，拟订测量 τ 的方案。

(3) 何谓积分电路和微分电路，它们必须具备什么条件? 它们在方波序列脉冲的激励下，其输出信号波形的变化规律如何? 这两种电路有何功用?

(4) 预习要求：熟读仪器使用说明，回答上述问题，准备方格纸。

八、问题与心得

(1) 根据实验观测结果，在方格纸上绘出 RC 一阶电路充放电时 u_C 的变化曲线，由曲

线测得 τ 值，并与参数值的计算结果作比较，分析误差原因。

（2）根据实验观测结果，归纳、总结积分电路和微分电路的形成条件，阐明波形变换的特征。

（3）心得体会及其他。

实验十六 同名端和互感系数的测定

一、实验目的

（1）学会互感电路同名端、互感系数的测定方法。

（2）观察两个线圈相对位置改变时，以及用不同材料作线圈的导磁介质时对互感的影响。

二、实验相关知识

1. 相关的概念

（1）同名端的定义：具有磁耦合的两个线圈，同时将其中通入电流，若它们产生的自感磁通和互感磁通方向一致，则两个线圈的电流流入端就叫同名端。用“·”或“*”表示。

（2）具有磁耦合的两个线圈，自感电动势（或电压）与互感电动势（或电压）的方向对于同名端一致。根据这个结论，一个线圈中互感电动势的方向就可以根据另一个线圈中自感电动势的方向来确定。

（3）互感系数的定义：互感磁链与产生互感磁链的电流的比值就叫互感系数，用 M 表示，单位为亨（H）。

$$M_{21}=\frac{\psi_{21}}{i_1}=M_{12}=\frac{\psi_{12}}{i_2}=M$$

（4）互感系数的大小反映了一个线圈在另一个线圈中产生磁链能力的强弱。它与两个线圈的匝数、几何尺寸、周围媒质的性质及两个线圈的相对位置有关。

2. 同名端的测定方法

（1）直流法。如图 16-1 所示，当开关 S 闭合瞬间，电路中电流增加，所以线圈 1 中自感电动势的方向由“2”指向“1”。根据自感电动势和互感电动势方向对于同名端一致的原理，若毫安表的指针正偏，则可断定“1”、“3”为同名端；指针反偏，则“1”、“4”为同名端。

（2）线圈的顺反向串联法。将两线圈串联起来，加上交流电压，通过测量电路中电流的大小判断同名端，如图 16-2 所示。如果两线圈的异名端相连叫顺向串联，如图 16-2（a）所示；如果两线圈的同名端相连叫反向串联，如图 16-2（b）所示。因为顺向串联时磁通互相加强，等效阻抗大，电路中的电流小；反向串联时磁通互相削弱，等效阻抗小，电路中的电流大，可以依此判断同名端。

（3）交流法。如图 16-3 所示，将两个绕组 N1 和 N2 的任意两端（如 2、4 端）连在一起，在其中的一个绕组（如 N1）两端加一个电压，另一绕组（如 N2）开路，用交流电压表分别测出端电压 U_{13}、U_{12} 和 U_{34}。若 U_{13} 是两个绕组端电压之差，则被连接端子是同名端；若 U_{13} 是两绕组端电压之和，则被连接端子是异名端。

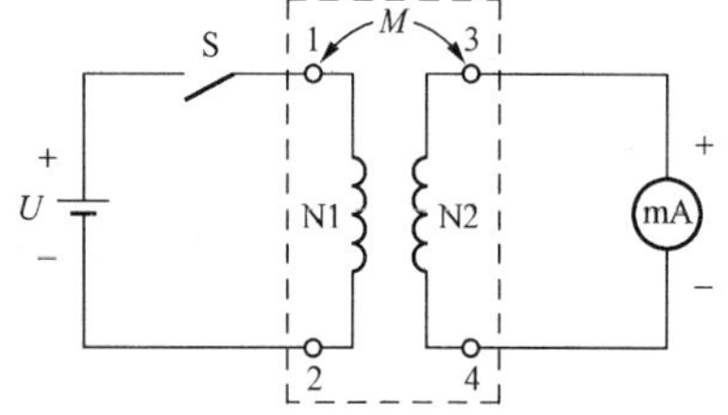

图 16-1 直流法判断同名端原理图

3. 两线圈互感系数 M 的测定

在图 16-3 的 N1 侧施加低压交流电压 U_1，测出 I_1 及 U_2。根据互感电动势 $E_{2M} \approx U_{20} = \omega M_{12} I_1$，可算得互感系数为 $M_{12} = \dfrac{U_2}{\omega I_1}$；同理在二次侧加交流电压 U_2，测出 I_2 及 U_1，可算得互感系数为 $M_{21} = \dfrac{U_1}{\omega I_2}$。

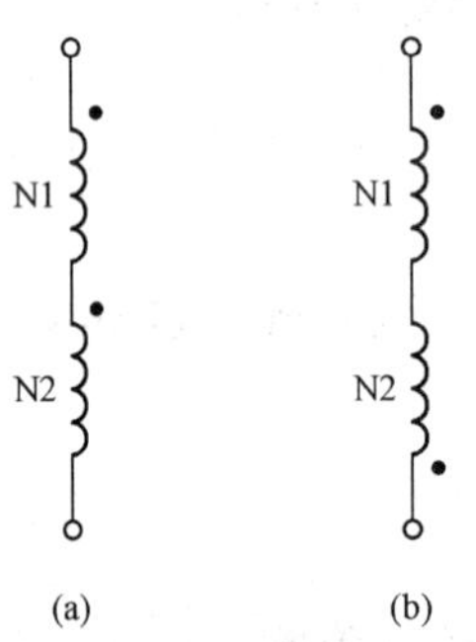

图 16-2　线圈的顺反向串联图

（a）顺向串联；（b）反向串联

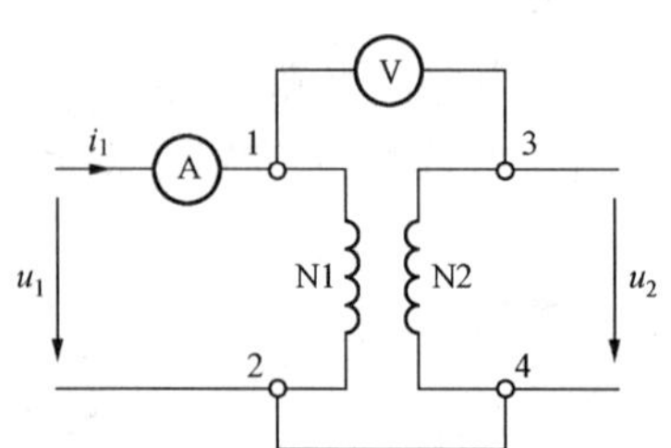

图 16-3　交流法测同名端原理图

三、实验设备

序号	名　称	型号与规格	数　量	备　注
1	直流毫安表	0～200mA	1	D31
2	交流电压表	0～500V	1	D33
3	交流电流表	0～5A	1	D32
4	空心互感线圈	N1 为大线圈 N2 为小线圈	1 对	另附
5	自耦调压器		1	DG01
6	直流稳压电源	0～30V	1	DG04
7	电阻	51Ω/8W 510Ω/2W	各 1	DG09
8	发光二极管	红或绿	1	DG09
9	粗、细铁棒、铝棒		各 1	另附
10	变压器	36/220V	1	DG08

四、实验电路

实验电路如图 16-4～图 16-6 所示。

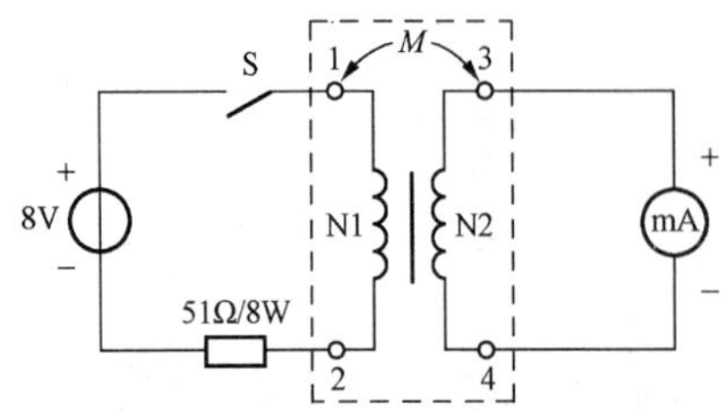

图 16-4　直流法

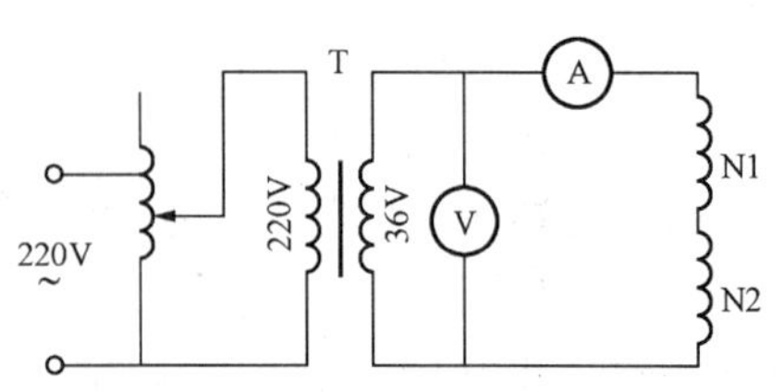

图 16-5　顺反向串联法

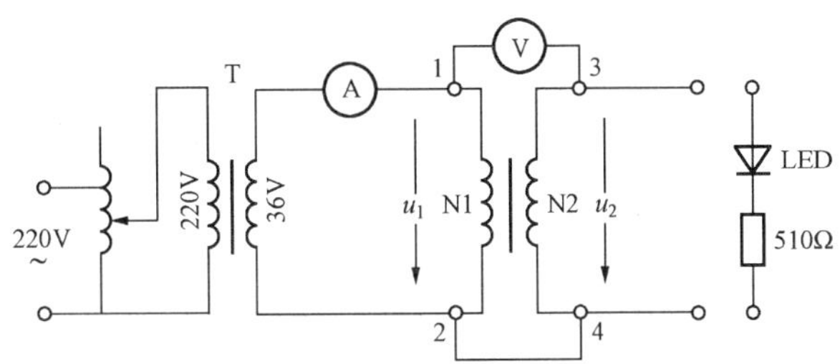

图 16-6　交流电压法

五、实验步骤

(一) 同名端的测定

1. 直流法

(1) 先将大线圈 N1 和小线圈 N2 两线圈的四个接线端子分别编以 1、2 和 3、4 号。

(2) 按图 16-4 接线。

(3) 将 N1、N2 同心地套在一起，并放入细铁棒。

(4) 调直流稳压源的输出为 8V，N2 侧的电流表量程为 2mA。

(5) 观察合上开关的瞬间毫安表的示值情况，记录情况于表 16-1 中。

表 16-1　　测量结果记录表

电源正负极所接端子的编号	毫安表正负极所接端子的编号	开关合上瞬间毫安表，示值情况"+"或"−"	判断结果

2. 顺反向串联法

(1) 按图 16-5 接线。

(2) 将两线圈的 2、3 端子相连。

(3) 将调压器调至零位，然后调节调压器使电压表的读数为 10V 时，读取电流表的读数。

(4) 将调压器调归零，关掉电源。

(5) 将两线圈的 2、4 端子相连，同样调节调压器使得电压表的读数为 10V 时读取电流表的读数。以上数据均记录于表 16-2 中。

表 16-2　　测量数据记录表 1

测试情况	U	I	判断结果
2、3 端子相连时			
2、4 端子相连时			

3. 交流电压法

(1) 按图 16-6 接线。

(2) 将两线圈的 2、4 端子连接。

(3) 检查三相调压器的输出是否在零位（即逆时针旋到底），然后调节调压器使线圈 N1 的 1、2 端子之间的电压为 $U_{12}=2V$ 时，测出 U_{13}、U_{34}。

(4) 拆去 2、4 连线，将 2、3 连接，仍调调压器使线圈 N1 的 1、2 端子之间的电压为 $U_{12}=2V$ 时，测出 U_{14}、U_{34}；以上数据均记录于表 16-3 中。

表 16-3　　测量数据记录表 2

测量情况	实验记录			判断结果
2、4 端子相连时	$U_{12}=$	$U_{34}=$	$U_{13}=$	
2、3 端子相连时	$U_{12}=$	$U_{34}=$	$U_{14}=$	

(二) 互感系数的测定

(1) 将图 16-6 中 2、3 连线拆除，仍使 $U_1=2V$ 测出 I_1、U_2。

(2) 将交流电压加在 N2 侧，使 N1 侧开路，调节调压器使加在 N2 线圈的电压为 $U_2=15V$，测出 I_2、U_1。以上数据均记录于表 16-4 中。

(3) 测量完毕将调压器归零，关掉电源。

表 16-4　　测量数据记录表 3

测量情况	实验记录			计算结果
N1 侧加电压时	$U_1=$	$I_1=$	$U_2=$	$M_{21}=$
N2 侧加电压时	$U_1=$	$I_2=$	$U_2=$	$M_{12}=$

(三) 观察互感现象

(1) 将 LED 发光二极管与 510Ω 电阻串联后接入图 16-6 的 N2 侧，短路线不接。

(2) 仍使 $U_1=2V$。将铁棒慢慢地从两线圈中抽出和插入，观察 LED 亮度的变化及二次侧电压的变化情况，记录现象于表 16-5 中。

(3) 改用铝棒替代铁棒，慢慢地从两线圈中抽出和插入，同样观察现象，记录于表 16-5 中。

表 16-5　　测量数据记录表 4

序号	测量情况	I_1 的变化情况	U_2 的变化情况	二极管的亮度变化情况
1	铁棒抽出时			
	铁棒插入时			
2	铝棒抽出时			
	铝棒插入时			

六、实验注意事项

(1) 整个实验过程中，注意流过线圈 N1 的电流不得超过 1.4A，流过线圈 N2 的电流不得超过 1A。

(2) 测定同名端及其互感系数的实验时，都应将小线圈 N2 套在大线圈 N1 中，并插入铁芯。

(3) 做交流试验前，首先要检查自耦调压器，要保证手柄置在零位。因实验时加在 N1

上的电压只有 2～3V，因此调节时要特别小心，要随时观察电流表的读数，不得超过规定值。

七、预习思考题

（1）什么是磁耦合线圈？

（2）什么是磁耦合线圈的同名端？

（3）什么是互感系数？

（4）具有磁耦合的线圈，当一个线圈中通入交流电流时，在另一个线圈中产生的电压与电流之间的关系是什么？

（5）用直流法判断同名端时，如何根据开关的通、断瞬间和毫安表的偏转情况判断同名端，其依据的原理是什么？

（6）用直流法判断同名端时，可否根据铁芯的插入和拔出时表针的偏转情况判断同名端？

八、问题与心得

（1）完成表格中判断和计算的内容。

（2）根据实验数据，写出互感系数的计算过程。

（3）解释实验中观察到的互感现象。

（4）心得体会。

第三部分　电 工 测 量 实 验

实验十七　直流电流表、电压表内阻的测量

一、实验目的

(1) 掌握指针式直流电压表、电流表内阻的测量方法。

(2) 熟悉电工仪表测量误差的计算方法。

二、实验相关知识

(1) 若想准确地测量电路中实际的电压和电流，必须保证仪表接入电路后不会改变被测电路的工作状态。这就要求电压表的内阻为无穷大，电流表的内阻为零。而实际使用的指针式仪表都不能满足上述要求。因此，当测量仪表一旦接入电路，就会改变电路原有的工作状态，就会产生测量误差。测量误差的大小与仪表本身内阻的大小密切相关。只要测出仪表的内阻，即可计算出由其产生的测量误差。

(2) 用“分流法”测量电流表内阻的原理电路如图 17 - 1 所示。将被测的电流表和一路可调电阻并联，调节可调电阻的大小，使两支路中电流相等，根据流过相同电流的并联支路的电阻一定相等的原理，就可以通过并联电阻的阻值确定电流表的内阻。

图中 R_1 为固定电阻，R_B 是可调电阻箱。当电流表的内阻较小而超出了电阻箱的读数范围时，就并联一个 R_1 电阻。否则，R_1 可以省去。

(3) 用“分压法”测量电压表内阻的原理电路如图 17 - 2 所示。将被测的电压表和一路可调电阻串联，调节可调电阻的大小，使加在它们两端的电压相等，根据电压相等的两个串联电阻一定相等的原理，就可以通过串联电阻的阻值确定电压表的内阻。

同样，R_1 为固定电阻器之值，R_B 用可调电阻箱。如果电压表的内阻能直接从电阻箱上读出，可以将 R_1 省去。

(4) 测量误差分为系统误差、偶然误差、粗大误差三大类。其中系统误差是遵循一定规律或保持不变的误差。产生系统误差的原因主要有仪表本身的误差和测量方法的误差，仪表内阻引起的测量误差就是由测量方法引起的系统误差。系统误差是可以被认知的，当认识到产生系统误差的原因后，就可以通过引入修正值进行修正。

三、实验设备

序号	名　称	型号与规格	数　量	备　注
1	可调直流稳压电源	0～30V	1	DG04
2	可调恒流源	0～200mA	1	DG04
3	指针式万用表	MF-30 型或其他	1	自备
4	可调电阻箱	0～9999.9Ω	1	DG09
5	电阻器	按需选择		DG09

四、实验电路

实验电路如图 17 - 1～图 17 - 3 所示。

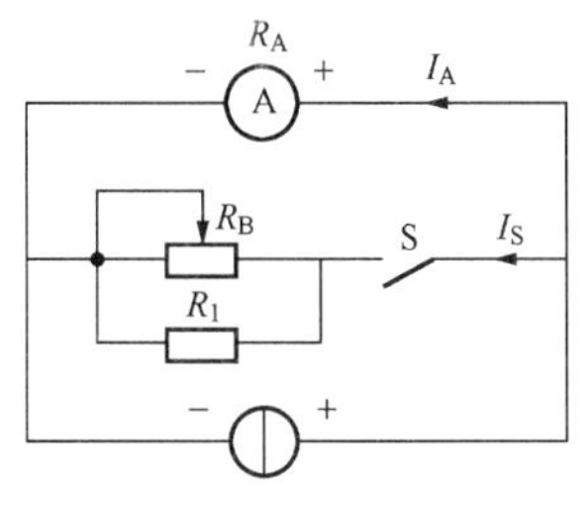

图 17-1　分流法

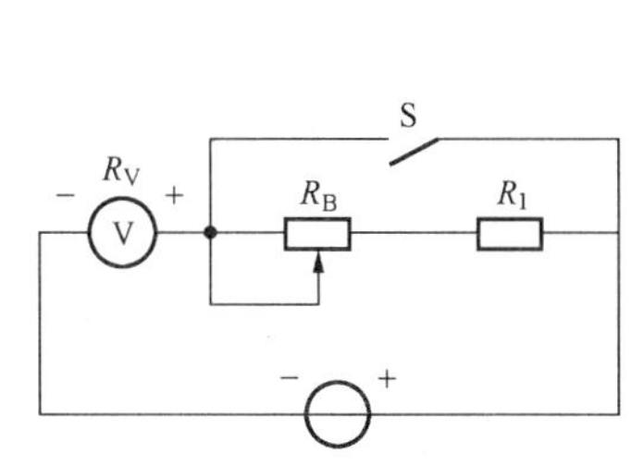

图 17-2　分压法

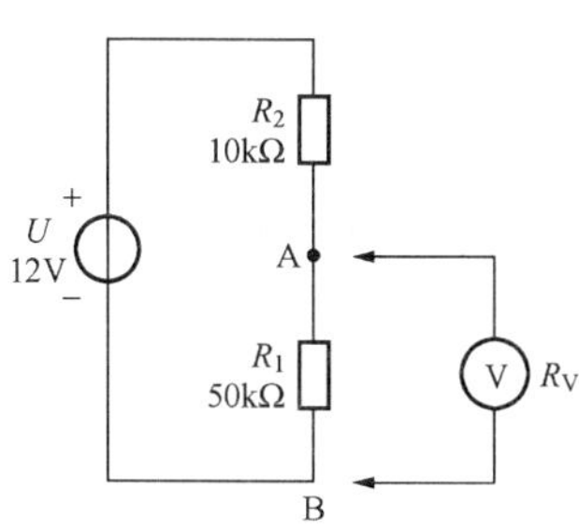

图 17-3　研究内阻对实验的影响的电路

五、实验内容

1. “分流法”测定电流表的内阻

(1) 按图 17-1 接线，被测表先选择指针式万用表直流电流 0.5mA 挡。

(2) 将直流电流源的粗调旋钮调在 2mA 挡，细调旋置零位。

(3) 断开分流电路的开关 S，合上电源开关，慢慢调整电流源细调旋钮，使万用表的指针满偏。

(4) 保持电流源的输出不变，合上开关 S，调整电阻箱的阻值使万用表的指针指在半偏位置时记录 R_B 和 R_1 的阻值于表 17-1 中。

(5) 再选择测量万用表直流电流 5mA 挡。步骤同上，只是直流电流源的粗调旋钮应调在 20mA 挡。

表 17-1　测量数据记录表 1

量　限	测　量　值		计算值
	R_1(Ω)	R_B(Ω)	R_A(Ω)
0.5mA			
5mA			

2. “分压法”测定电压表的内阻

(1) 按图 17-2 接线，被测表先选择指针式万用表直流电压 2.5V 挡。

(2) 将直流电压源的输出调零。

(3) 合上电源开关并合上开关 S，慢慢调整电压源输出，使万用表的指针满偏。

(4) 保持电压源的输出不变，断开开关 S，调整电阻箱的阻值使万用表的指针指在半偏位置时记录 R_B 和 R_1 的阻值于表 17-2 中。

(5) 再选择测量万用表直流电流 5V 挡的内阻，步骤同上。

表 17-2　测量数据记录表 2

量　限	测　量　值		计算值
	R_1(kΩ)	R_B(kΩ)	R_V(kΩ)
2.5V			
5V			

3. 研究用电压表测量电路中电压时其内阻对测量结果的影响

(1) 按图 17-3 电路接线。

(2) 将电压源输出调至 12V。

(3) 开启电源，用电压表 10V 挡测量 R_1 上的电压 U'_{R_1} 之值，记录于表 17-3 中。

(4) 根据电路计算出 R_1 上的实际电压 U_{R_1}，并计算绝对误差和相对误差。

表 17-3　　测量数据记录表 3

记　录　值		计　算　值		
R_{10V}(kΩ)	U'_{R_1}(V)	U_{R_1}(V)	绝对误差 Δ	相对误差 γ

六、实验注意事项

(1) 在开启 DG04 挂箱的电源开关前，应将两路电压源的输出调节旋钮调至最小（逆时针旋到底），并将恒流源的输出粗调旋钮拨到 2mA 挡，输出细调旋钮应调至最小。接通电源后，再根据需要缓慢调节。

(2) 当恒流源输出端接有负载时，如果需要将其粗调旋钮由低挡位向高挡位切换时，必须先将其细调旋钮调至最小。否则输出电流会突增，可能会损坏外接器件。

(3) 电压表应与被测电路并接，电流表应与被测电路串接，并且都要注意正、负极性与量程的合理选择。

(4) 实验内容 1、2 中，R_1 的取值应与 R_B 相近。

(5) 本实验仅测试指针式仪表的内阻。由于所选指针表的型号不同，本实验中所列的电流、电压量程及选用的 R_B、R_1 等均会不同。实验时应按选定的表型自行确定。

七、预习思考题

(1) 为什么电流表的内阻越小越好，电压表的内阻越大越好？

(2) 由于仪表的内阻产生的误差属于哪一类测量误差？

八、实验报告

(1) 完成各表中的计算数据。

(2) 心得体会。

实验十八　磁电系仪表量程的扩大

一、实验目的

(1) 了解表头的满偏电流和内阻两个参数在扩大量程中的作用。

(2) 掌握磁电系电流表、电压表量程扩大的方法。

(3) 掌握分流电阻和附加电阻的计算方法，并验证其正确性。

(4) 熟悉误差的计算方法。

二、实验原理

(1) 用于扩大量程的磁电系测量机构叫表头，它有两个重要的参数：一个是内阻 r_0，一个是满偏电流 I_0。

(2) 已知内阻 r_0、满偏电流 I_0 两个参数后，若将此表头扩大成量程为 I 的电流表，就

需并联分流电阻 R_S，电路如图 18－1 所示。

分流电阻的计算公式为

$$R_S = \frac{r_0}{n-1}$$

其中 $$n=\frac{I}{I_0}$$

（3）若将此表头扩大成量限为 U 的电压表，就需串联的附加电阻 R_d，电路如图 18－2 所示。

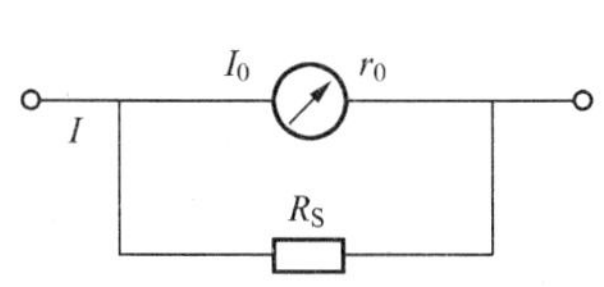

图 18－1 扩大电流量程接线

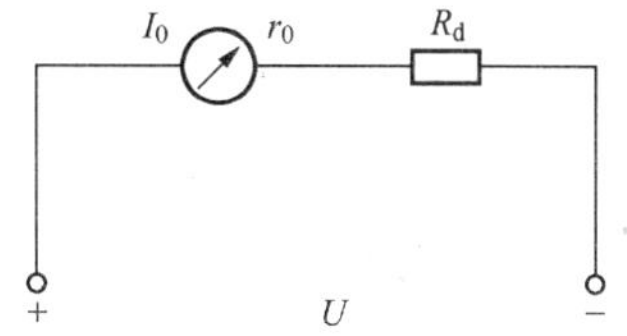

图 18－2 扩大电压量程接线

附加电阻的计算公式为

$$R_d = \frac{U}{I_0} - r_0$$

或 $$R_d = (m-1)r_0$$

其中 $$m=\frac{U}{U_0}=\frac{U}{I_0 r_0}$$

三、实验设备

序号	名　　称	型号与规格	数　　量	备　　注
1	直流电压表	0～200V	1	D31
2	直流毫安表	0～200mA	1	D31
3	直流稳压电源	0～30V	1	DG04
4	直流恒流源	0～500mA	1	DG04
5	表头		1	DG05
6	电阻箱	0～9999.9Ω	1	DG09

四、实验电路

实验电路如图 18－3～图 18－6 所示。

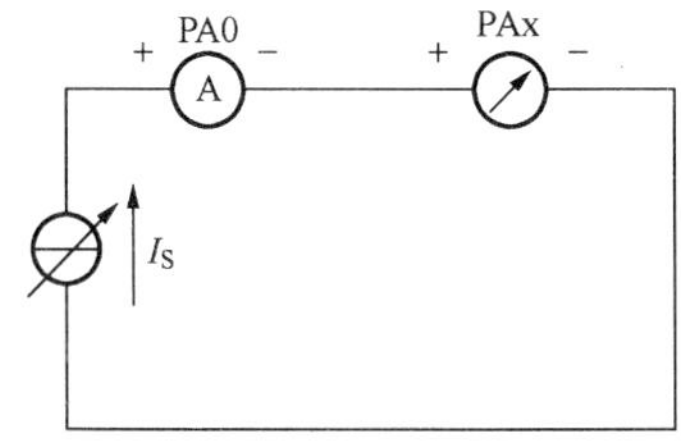

图 18－3 表头满偏电流测量电路

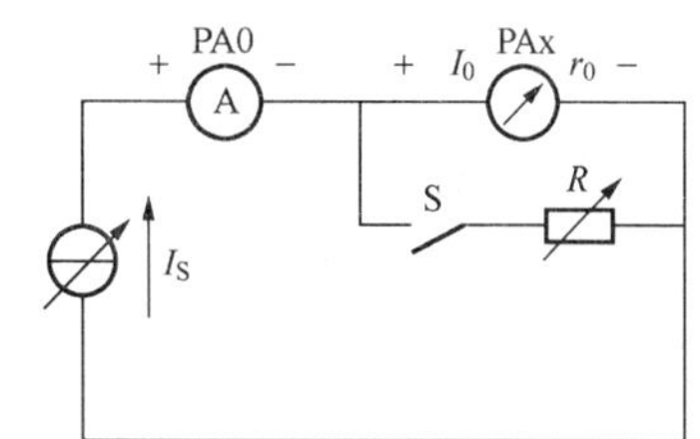

图 18－4 表头内阻测量电路

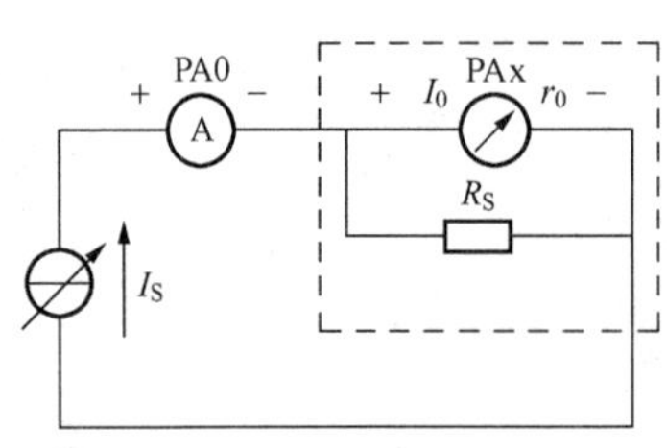

图 18-5 电流表检验电路

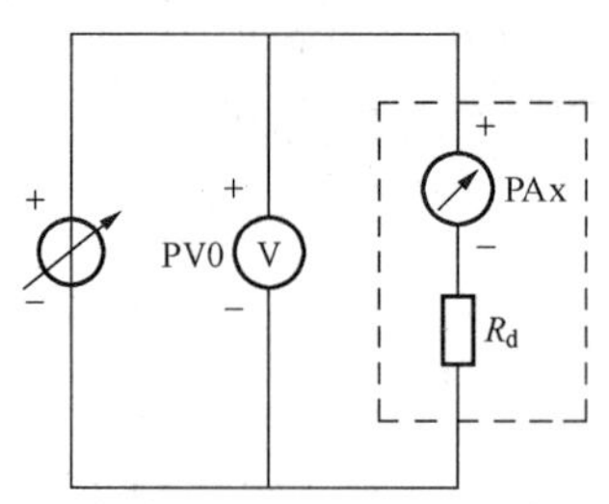

图 18-6 电压表检验电路

五、实验步骤

1. 表头满偏电流 I_0 及各刻度电流的测定

(1) 按图 18-3 接线，PAx 在 DG05 挂箱上，恒流源调至 2mA 挡，微调旋钮调至零位。

(2) 慢慢调节恒流源的输出电流，使得表头的指针分别指在表 18-1 所列刻度时，读取数字标准表 PA0 的读数，记录于表 18-1 中。

表 18-1　　测量数据记录表 1

PAx 刻度	0	2	4	6	8	10
PA0 读数 A_0(mA)						

2. 表头内阻 r_0 的测定

(1) 按图 18-4 接线，恒流源调至 2mA 挡，微调旋钮调至零位。

(2) 将电阻箱支路的开关 S 断开，合上电源开关。

(3) 慢慢调节恒流源的输出电流，使表头的指针指在满偏。

(4) 保持恒流源的输出电流不变，接通电阻箱支路的开关 S，反复调节电阻箱，使表头的指针指在半偏时，读电阻箱的读数即为表头的内阻值，记录 r_0 的值于表 18-2 中。

表 18-2　　测量数据记录表 2

r_0	R_{S1}	R_{S2}	R_{d1}	R_{d2}

3. 将表头分别扩大成 5mA 和 10mA 的单量限电流表

(1) 分别计算 5mA 和 10m 电流表的分流电阻值 R_{S1}、R_{S2}，将计算结果记录于表 18-2 中。

(2) 用电阻箱调出计算所得的分流电阻值，按图 18-5 接线，电流源置零位。

(3) 慢慢调节电流源的输出，使得表头的指针指在表 18-3、表 18-4 所列的刻度时，读取标准表的读数记录于表中。

表 18-3　　测量数据记录表 3（5mA 电流表检验记录）

PAx 刻度（格）	0	2	4	6	8	10
PAx 读数 A_x(mA)						
PA0 读数 A_0(mA)						
相对误差 γ						
引用误差 γ_n						

表 18-4　　测量数据记录表 4（10mA 电流表检验记录）

PAx 刻度（格）	0	2	4	6	8	10
PAx 读数 A_x(mA)						
PA0 读数 A_0(mA)						
相对误差 γ						
引用误差 γ_n						

4. 将表头分别扩大成 10V 和 20V 的单量限电压表

（1）分别计算 10V 和 20V 电压表的附加电阻值 R_{d1}、R_{d2}，将计算结果记录于表 18-2 中。

（2）用电阻箱调出计算所得的附加电阻值，按图 18-6 接线，稳压电源置零位。

（3）慢慢调节稳压电源的输出，使表头的指针分别指在表 18-5、表 18-6 所列的刻度时，读取标准表的读数记录于对应的表中。

表 18-5　　测量数据记录表 5（10V 挡检验记录）

PVx 刻度（格）	0	2	4	6	8	10
PVx 读数 A_x(V)						
PV0 读数 A_0(V)						
相对误差 γ						
引用误差 γ_n						

表 18-6　　测量数据记录表 6（20V 挡检验记录）

PAx 刻度（格）	0	2	4	6	8	10
PAx 读数 A_x(V)						
PV0 读数 A_0(V)						
相对误差 γ						
引用误差 γ_n						

六、实验注意事项

（1）计算和接线完毕应主动找老师进行检查，以免误接线损坏表头。

（2）电压源和电流源在使用之前一定归零。

（3）测量表头的满偏电流时电流源用 2mA 挡。

七、预习思考题

（1）磁电系电流表和电压表扩大量程的方法是什么？

（2）表头有几个重要参数。

（3）写出分流电阻和附加电阻的计算公式。

八、问题与心得

（1）详细写出本实验中计算分流电阻和附加电阻的过程。

（2）完成各表格的计算，分析误差产生的原因。

（3）心得体会。

实验十九 三相电路有功功率的测量

一、实验目的

（1）加深对三相电路有功功率测量的各种方法的认识。

（2）学会用各种方法测量三相电路有功功率接线。

（3）学会根据功率表的读数计算电路中的有功功率。

（4）验证这些方法的正确性。

二、实验相关知识

（1）三相对称电路中总有功功率等于任意一相有功功率的 3 倍；三相不对称电路中总有功功率等于每一相有功功率之和，即

$$\sum P = P_U + P_V + P_W = U_U I_U \cos\varphi_U + U_V I_V \cos\varphi_V + U_W I_W \cos\varphi_W$$

（2）三相有功功率的测量有三种方法，分别是一表法、两表法和三表法。

（3）一表法适用于完全对称的三相电路，通过测量一相的有功功率，然后乘以 3 就是三相有功功率。

（4）两表法适用于测量三相三线制对称或不对称电路的有功功率，两表读数的代数和就是三相电路的有功功率。

（5）两表法接线应遵守的规则是：

1）两块功率表的电流线圈可以串接在三相中的任意两相上，发电机端接在电源侧，使电流线圈流过线电流。

2）两块功率表的电压线圈的发电机端接在电流线圈所在相上，另一端则接至没有电流线圈的公共相上，使电压支路加线电压。

两表法接线如图 19 - 1 所示。

（6）用两表法测量三相有功功率时，每一块表的读数本身没有具体物理意义，即使在完全对称的三相电路中，两块表的读数也不一定相等，而是与负载的功率因数角有关。图 19 - 1 电路中负载对称时，对应的相量图如图 19 - 2 所示。由图中可知，$\dot{U}_{UW}$ 与 $\dot{I}_U$ 的相位差角为$(30° - \varphi)$，$\dot{U}_{VW}$ 与 $\dot{I}_V$ 相位差角$(30° + \varphi)$，因此两功率表的读数分别为

$$P_1 = U_{UW} I_U \cos(\dot{U}_{UW} \dot{I}_U) = U_l I_l \cos(30° - \varphi)$$

$$P_1 = U_{VW} I_V \cos(\dot{U}_{VW} \dot{I}_V) = U_l I_l \cos(30° + \varphi)$$

式中：U_l、I_l 分别为线电压和线电流。

由此可以看出，两功率表的读数与 φ 角有如下关系：

1）当 $\varphi=0$ 时，即负载为纯电阻性负载时，$P_1=P_2$，即两功率表读数相等。

2）当 $\varphi=\pm30°$时，$P_1=2P_2$ 或 $P_2=2P_1$，即一块表的读数是另一块表读数的 2 倍。

3）当 $\varphi=\pm60°$时，$P_2=0$ 或 $P_1=0$，即有一块表的读数为零。

4）当$|\varphi|>60°$时，$P_2<0$ 或 $P_1<0$，即有一块表的读数为负值（指针反偏）。为了获取读数，可将功率表的电流端钮对调，或使用功率表的换向开关，得到的读数应为负值。三相总有功功率应为两表读数的代数和。

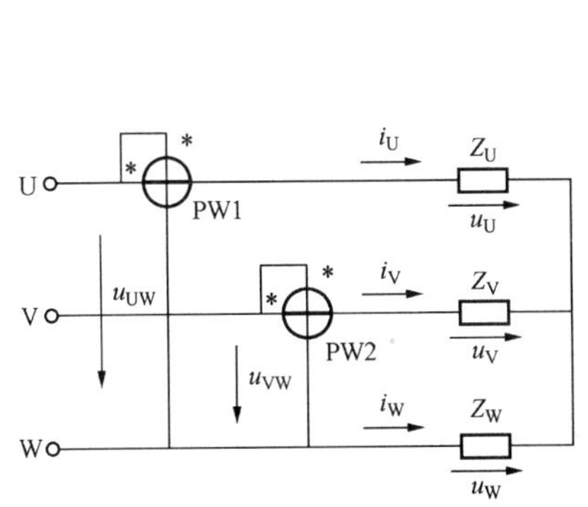

图 19-1　两表法接线

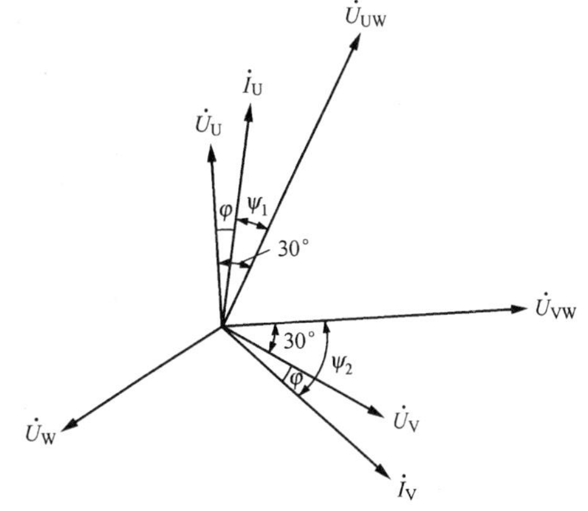

图 19-2　两表法接线测量有功功率三相电路对称时的相量图

三、实验设备

序号	名　　称	型号与规格	数　　量	备　　注
1	交流电压表	0～500V	1	D33
2	交流电流表	0～5A	1	D32
3	单相功率表		2	D34-3
4	三相自耦调压器		1	DG01
5	三相灯组负载	220V、15W　白炽灯	9	DG08
6	三相电容负载	1、2.2、4.7μF，500V	3	DG09

四、实验电路

实验电路如图 19-3～图 19-5 所示。

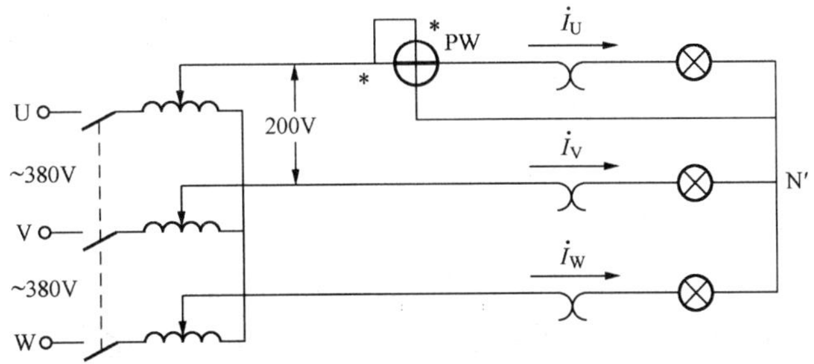

图 19-3　用一表法测量三相电路的有功功率的接线

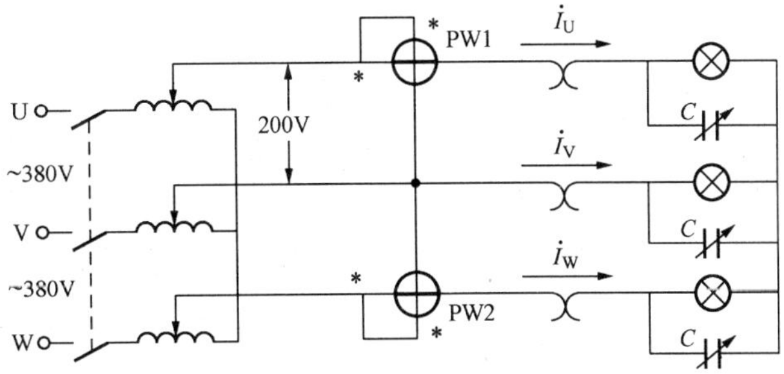

图 19-4　用两表法测量三相电路有功功率的接线

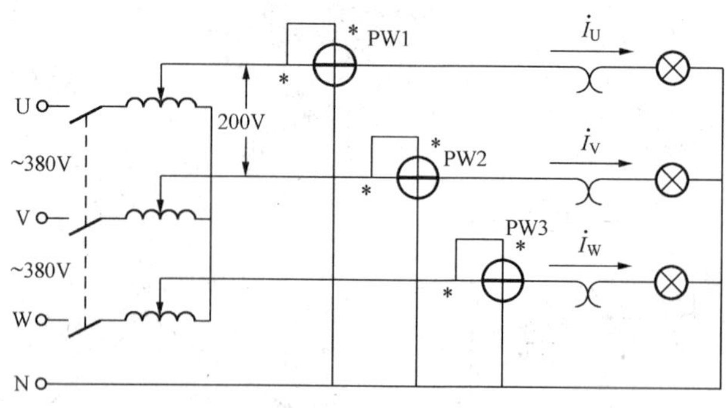

图 19-5　用三表法测量三相电路有功功率的接线

五、实验步骤

1. 验证一表法测量三相有功功率的正确性

(1) 按图 19-3 接线，检查调压器是否置零。

(2) 调节调压器，使输出线电压为 200V。

(3) 在负载完全对称的情况下，测量各相电压、各相电流，并读出功率表的读数，记录于表 19-1 中。

(4) 测量完毕，将调压器归零，关掉电源。

表 19-1　　测量数据记录表 1

负载情况	测量数据						计算值	测量数据	计算值
	U_U	U_V	U_W	I_U	I_V	I_W	$\sum P$	P	$\sum P$
负载对称									

2. 验证两表法测量三相有功功率的正确性

(1) 按图 19-4 接线，检查调压器是否置零。

(2) 调节调压器，使输出线电压为 200V。

(3) 切除所有电容。

(4) 验证以下两种情况两表法测量三相有功功率的正确性：

1) 在负载完全对称的情况下，测量各相电压、各相电流并读出两功率表的读数，记录于表 19-2 中。

2) 在负载不对称的情况下，测量各相电压、各相电流并读出两功率表的读数，记录于表 19-2 中。

3. 研究在负载对称情况下，两功率表的读数与负载功率因数角 φ 的关系

(1) 每一相均接入三盏灯和一个 2.2μF 的电容，读出两功率表的读数。

(2) 每一相均接入三盏灯、1μF 和 4.7μF 的电容，读出两功率表的读数。

(3) 每一相均接入三盏灯、1、2.2μF 和 4.7μF 的电容，读出两功率表的读数。

(4) 每一相均接入一盏灯、1、2.2μF 和 4.7μF 的电容，读出两功率表的读数。

以上数据均记录于表 19-3 中。

(5) 测量完毕，将调压器归零，关掉电源。

表 19-2　**测量数据记录表2**

负载情况	测量数据						计算值	测量数据		计算值
	U_U	U_V	U_W	I_U	I_V	I_W	$\sum P$	P_1	P_2	$\sum P$
负载对称										
负载不对称										

表 19-3　**测量数据记录表3**

每一相负载情况	测量数据		计算值
	P_1	P_2	$\sum P$
3盏灯和2.2μF电容			
3盏灯和2.2、4.7μF电容			
3盏灯和1、2.2、4.7μF电容			
1盏灯和1、2.2、4.7μF电容			

4. 验证三表法测量三相有功功率的正确性

(1) 按图19-5接线，先在U、V两相上分别各接入一块功率表。

(2) 检查调压器是否置零。

(3) 调节调压器，使输出线电压为200V。

(4) 在负载对称时，测量各相电压、各相电流并读出两功率表的读数。

(5) 在负载不对称时，测量各相电压、各相电流并读出两功率表的读数。

(6) 从U、V两相上拆下功率表，接在W相上一块，在负载对称或不对称时分别读出W相功率。

以上数据均记录于表19-4中。

(7) 测量完毕将调压器归零，关掉电源。

表 19-4　**测量数据记录表4**

负载情况	测量数据						计算值	测量数据			计算值
	U_U	U_V	U_W	I_U	I_V	I_W	$\sum P$	P_1	P_2	P_2	$\sum P$
负载对称											
负载不对称											

六、实验注意事项

(1) 本实验采用三相交流电，线电压为200V，实验时要注意人身安全，切勿将电流表插头的接线两端插在三相电源的插孔中，以免造成危险。

(2) 通电之前一定要检查调压器是否归零，以免接通电源时，加在灯泡两端的电压过大使之损坏。

(3) 每次接线完毕，同组同学应自查一遍，然后由指导教师检查后，方可接通电源，切勿带电接线、拆线或改接线。

七、预习思考题

(1) 用单相功率表测量三相有功功率有几种方法？适用条件各是什么？

(2) 两表法测量三相电路有功功率的接线原则是什么?

(3) 测量功率时为什么在线路中通常都接有电流表和电压表?

(4) 复习关于不对称电路三相功率的计算方法。

八、问题与心得

(1) 完成表格中的各项计算。

(2) 分析表 19-3 的数据，得出什么结论?

(3) 心得体会。

实验二十 三相电路相序和无功功率的测量

一、实验目的

(1) 了解相序的测量原理。

(2) 学会测量相序的方法。

(3) 加深对测量三相无功功率的各种方法的认识。

(4) 学会跨相法的接线。

(5) 学会根据功率表的读数计算电路中的无功功率。

(6) 验证这些方法的正确性。

二、实验相关知识

1. 相序的测量原理

图 20-1 为相序测量原理电路，用以测定三相电源的相序 U、V、W（或 A、B、C)。它是由一个电容器和两个电灯连接成的星形不对称三相负载电路。如果电容器所接的是 U 相，则灯光较亮的是 V 相、较暗的是 W 相，由此可判断出 U、V、W 三相。任何一相均可作为 U 相，但 U 相确定后，V 相和 W 相也就确定了。为了分析问题简单起见，设 $X_C=R_V=R_W=R$，$\dot{U}_U=U_p\angle 0°$，则

$$\dot{U}_{N'N}=\frac{U_p\left(\frac{1}{-jR}\right)+U_p\left(-\frac{1}{2}-j\frac{\sqrt{3}}{2}\right)\left(\frac{1}{R}\right)+U_P\left(-\frac{1}{2}+j\frac{\sqrt{3}}{2}\right)\left(\frac{1}{R}\right)}{-\frac{1}{jR}+\frac{1}{R}+\frac{1}{R}}$$

$$=-0.2+j0.6$$

$$\dot{U}'_V=\dot{U}_V-\dot{U}_{N'N}=U_p\left(-\frac{1}{2}-j\frac{\sqrt{3}}{2}\right)-U_p(-0.2+j0.6)$$

$$=U_p(-0.3-j1.466)=1.49\angle-101.6°U_p$$

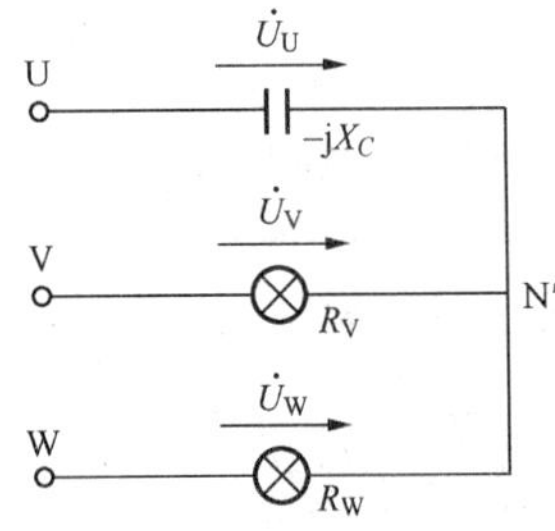

图 20-1 测量原理电路

$$\dot{U}'_W=\dot{U}_W-\dot{U}_{N'N}=U_p\left(-\frac{1}{2}+j\frac{\sqrt{3}}{2}\right)-U_p(-0.2+j0.6)$$

$$=U_p(-0.3+j0.266)=0.4\angle-138.4°U_p$$

由于 $\dot{U}'_V>\dot{U}'_W$，故 V 相灯光较亮。

即使 $X_C\neq R_V=R_W=R$，上述结果也成立。

2. 三相无功功率的测量

(1) 三相对称电路中总无功功率等于任意一相无功功率的

3 倍；三相不对称电路中总无功功率等于每一相无功功率之和，即

$$\sum Q = Q_U + Q_V + Q_W = U_U I_U \sin\varphi_U + U_V I_V \sin\varphi_V + U_W I_W \sin\varphi_W$$

（2）三相无功功率的测量方法有一表跨相法、两表跨相法、三表跨相法、两表人工中性点法、测三相有功功率的两表法。

（3）跨相法的接线原则是：功率表电流线圈串接在任意一相上，“发电机端”接在电源侧；电压线圈则跨接在其他两相上，“发电机端”按正相序接在电流线圈所在相的下一相上。

（4）一表跨相法适用于完全对称的三相电路，功率表的读数乘以$\sqrt{3}$就是三相无功功率。其原理电路和相量图如图 20-2 所示。

功率表反映的功率为

$$P = U_{VW} I_U \cos(90° - \varphi) = U_l I_l \sin\varphi$$

所以三相无功功率为

$$Q = \sqrt{3} P$$

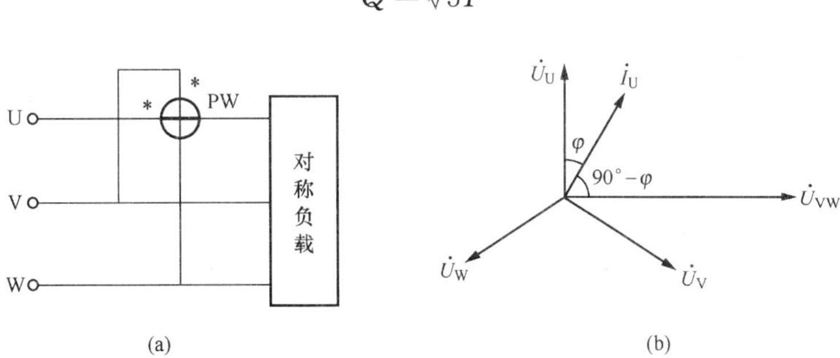

图 20-2　一表跨相法的原理电路和相量图

（a）原理图；（b）相量图

（5）两表跨相法适用于负载对称而电源电压不完全对称的电路，两功率表读数之和乘以$\sqrt{3}/2$ 就是三相无功功率；三表跨相法适用于电源电压对称而负载不对称的三相电路，三块功率表读数之和乘以$\sqrt{3}/3$ 就是三相无功功率。

（6）两表人工中性点法适用于测量对称或不对称的三相三线制电路的无功功率，两表读数之和乘以$\sqrt{3}$就是三相无功功率。

（7）测三相有功功率的两表法适用于电源和负载都对称的三相三线制电路的无功功率的测量，将两表读数之差乘以$\sqrt{3}$就是三相无功功率。

三、实验设备

序号	名　称	型号与规格	数　量	备　注
1	交流电压表	0～500V	1	D33
2	交流电流表	0～5A	1	D32
3	单相功率表		2	D34-3
4	三相自耦调压器		1	DG01
5	三相灯组负载	220V、15W　白炽灯	9	DG08
6	三相电容负载	1、4.7μF，500V	3	DG09

四、实验电路

实验电路如图 20 - 3～图 20 - 5 所示。

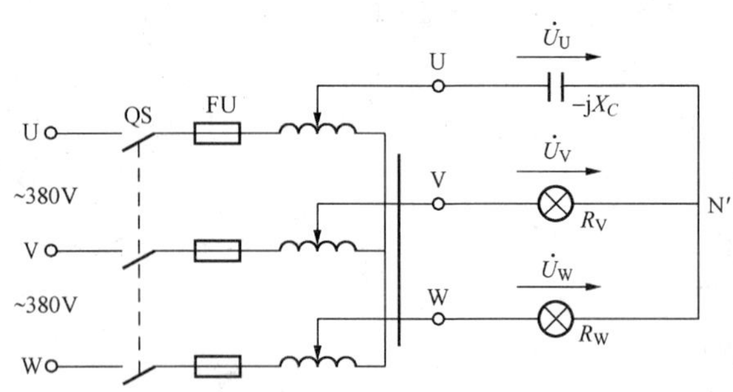

图 20 - 3　相序测量电路

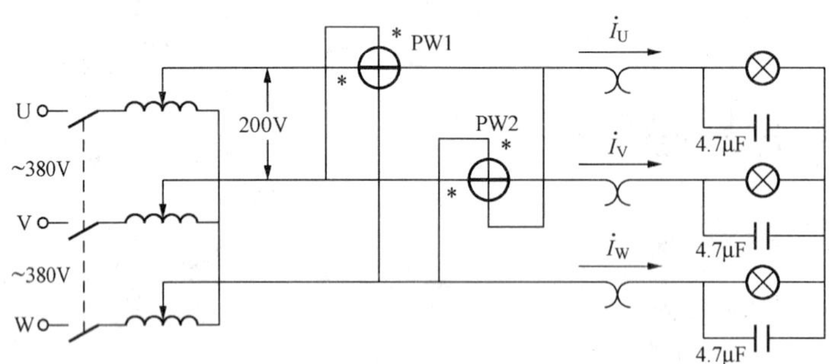

图 20 - 4　两表跨相法测量三相无功功率的接线

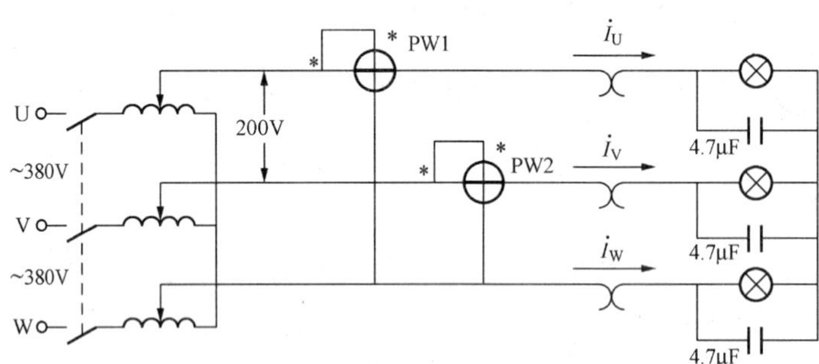

图 20 - 5　用测三相有功功率的两表法测量三相无功功率的接线

五、实验步骤

1. 相序的测定

（1）用 220V、15W 白炽灯和 1μF、500V 电容器，按图 20 - 3 接线，经三相调压器接入相电压为 220V 的三相交流电源，观察两只灯泡的亮、暗，判断三相交流电源的相序。

（2）将电源线任意调换两相后再接入电路，观察两灯的明亮状态，判断三相交流电源的相序。

2. 验证两表跨相法测量三相对称负载的无功功率的正确性

（1）按图 20 - 4 接线，检查调压器是否置零。

（2）调节调压器，使输出线电压为200V。

（3）在负载对称时，测量各相电压、各相电流，并读出两功率表的读数，记录于表20-1中。

（4）关掉电源，将某一块功率表的接线改接成测量某一相功率的接线。

（5）启动电源，按动功率表的功能键至测量功率因数的位置，按确定键，就可以读出负载的功率因数。由于负载对称，所以每一相负载功率因数基本相等。

（6）测量完毕将调压器归零，关掉电源。

表20-1　　测量数据记录表1

测量数据							计算值	测量数据		计算值
U_U	U_V	U_W	I_U	I_V	I_W	$\cos\varphi$	$\sum Q$	P_1	P_2	$\sum Q$

3. 用测量三相有功功率的两表法测量三相三线制对称负载的无功功率

（1）按图20-5接线，检查调压器是否置零。

（2）调节调压器，使输出线电压为200V。

（3）在负载对称时，读两功率表的读数，记录于表20-2中。

（4）测量完毕将调压器归零，关掉电源。

表20-2　　测量数据记录表2

测量数据		计算值
P_1	P_2	$\sum Q$

六、实验注意事项

（1）本实验采用三相交流电，线电压为200V，实验时要注意人身安全，切勿将电流表插头的接线两端插在三相电源的插孔中，以免造成危险。

（2）通电之前一定要检查调压器是否归零，以免接通电源时，加在灯泡两端的电压过大使之损坏。

（3）每次接线完毕，同组同学应自查一遍，然后由指导教师检查后，方可接通电源，必须严格遵守先断电、再接线、后通电，先断电、后拆线的实验操作原则。

七、预习思考题

（1）两表法测量三相电路有功功率的适用条件和接线原则是什么？

（2）跨相法的接线原则是什么？

（3）两表跨相法测量无功功率的适用条件是什么？

（4）测量功率时为什么在线路中通常都接有电流表和电压表？

八、问题与心得

（1）说明所在组的电源的相序是正相序还是负相序，理论依据是什么？

（2）完成表格中的各项计算。

（3）心得体会。

实验二十一　直流电桥的使用

一、实验目的

(1) 熟悉单臂电桥的面板结构，掌握其使用方法及注意事项。

(2) 熟悉双臂电桥的面板结构，掌握其使用方法及注意事项。

二、实验相关知识

1. 直流单臂电桥

(1) 用于测量中值电阻，准确度高。

(2) 原理电路如图 21-1 所示。

当电桥平衡时

$$R_x = 比率臂数值 \times 比较臂数值$$

2. 直流双臂电桥

(1) 用于测量低值电阻，测量结果中可以消除接线电阻和接触电阻的影响。

(2) 接线特点：被测电阻上应引出四个接线端，分别和双臂电桥的四个接线端钮相连接。

(3) 原理电路如图 21-2 所示。

(4) 当电桥平衡时

$$R_x = 比率臂数值 \times 比较臂数值$$

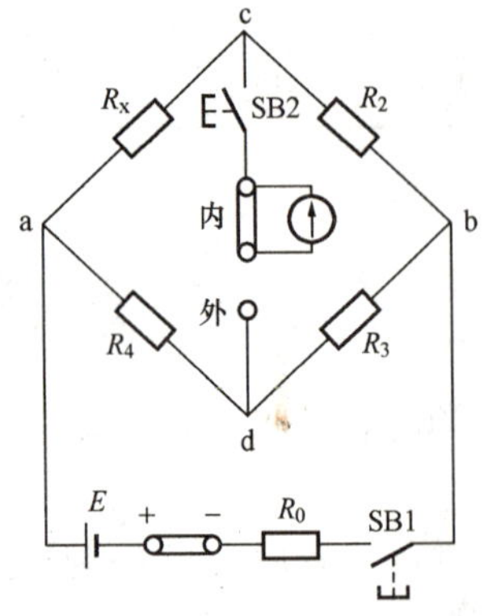

图 21-1　单臂电桥原理电路

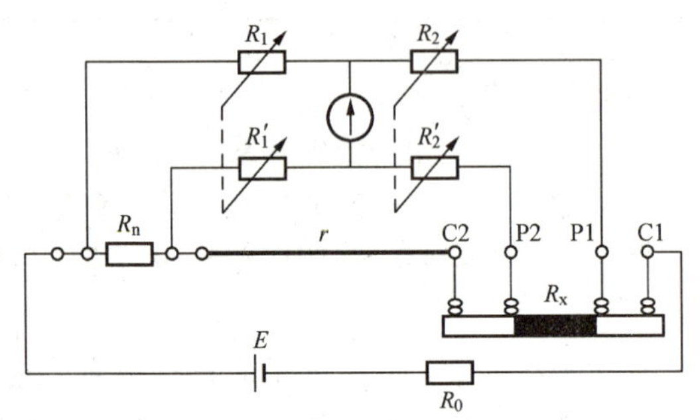

图 21-2　双臂电桥原理电路

三、实验设备

序号	名　称	型号与规格	数　量	备　注
1	单臂电桥	QJ-23 型	1	
2	双臂电桥	QJ-44 型	1	
3	中值电阻	几欧～几千欧	若干	
4	外附式分流器	不定	1	

四、实验内容

(一) 单臂电桥

1. 使用步骤

(1) 打开检流计锁扣，调零。

(2) 粗测被测电阻，以选合适的比率臂和比较臂。选择的原则：尽量使比较臂的四个挡位全用上。

(3) 按下按钮 SB 后顺时针旋一下使之锁住，然后轻轻点按 SB2 按钮，若指针正偏，应增加比较臂电阻；反之，应减小比较臂电阻。至于增加哪一位数字应视指针偏转的幅度大小而定，偏转幅度很大就增加高位数字，偏转幅度很小，就增加低位数字。

(4) 经反复调节电桥平衡时，读比率臂与比较臂的数值，计算出 R_x。

(5) 用毕，先将 SB2 按钮弹出，再将 SB1 按钮弹出，并用锁扣锁住检流计，以免搬动时将检流计的张丝振断。

2. 注意事项

(1) 单臂电桥在打开锁扣后，切勿随便将 SB1、SB2 按钮按下，以免损坏电桥。

(2) 电桥和被测电阻的连接线应尽量短，且接头处应无明显的氧化层。

(3) 在测量时，被测电阻、检流计和外接电源的连接片要接牢。

(4) 在测电感线圈的直流电阻时，务必应先按 SB1 再按 SB2 按钮；松开时先松 SB2 再松 SB1。

(5) 用毕，一定要将 SB1 按钮旋出，检流计锁住。

(6) 如果测量的电阻比较大，电桥的偏转不够灵敏，还应在外接电源端钮两端接入合适的外接电源。

3. 测量内容

分别测量一个几欧、几十欧、几百欧、几千欧的电阻，平衡时读取比率臂和比较臂的数值记录于表 21-1 中。

表 21-1　　测量数据记录表 1

测量范围	比率臂读数	比较臂读数	测量值 R_x
几欧			
几十欧			
几百欧			
几千欧			

(二) 双臂电桥

1. 使用步骤

(1) 打开晶体管检流计电源开关，调零。

(2) 将晶体管检流计的灵敏度置于较低的位置。

(3) 接入被测电阻。

(4) 任意选择比率臂和比较臂。

(5) 先按下 SB1 按钮，再按下 SB2 按钮，观察指针的偏转情况，调节比率臂和比较臂使指针指在零位。增加灵敏度至最高，再调节比较臂使指针指零，此时电桥平衡。

(6) 读比率臂与比较臂的数值，计算出 R_x。

2. 注意事项

(1) 正确接线时被测电阻的四个接线端应依次接在双臂电桥的四个接线端子上，被测电阻要接牢。

(2) 测量刚开始时，灵敏度旋钮一定置于较低的位置。

(3) 在测电感线圈的直流电阻时，务必应先按 SB1 再按 SB2 按钮；松开时，先松 SB2 再松 SB1。

(4) 测量时要尽量减少 SB1 按钮接通的时间，以免电池无谓的损耗。用毕，一定要将 SB1 按钮旋出。

3. 测量内容

(1) 在正确接线的情况下测量外附式分流器的电阻，如图 21 - 3 所示。

(2) 在错误接线的情况下测量外附式分流器的电阻，如图 21 - 4 所示。

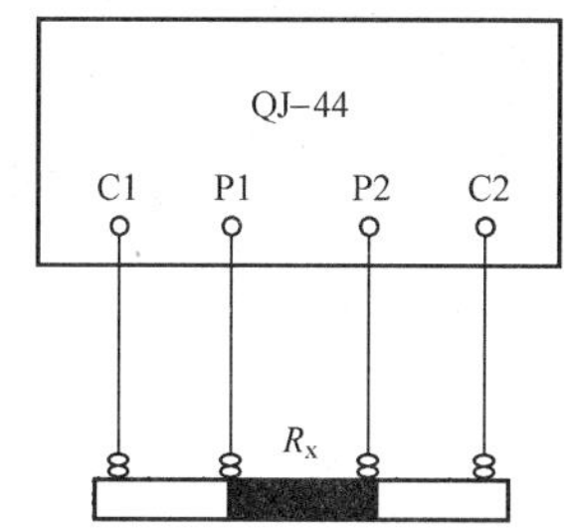

图 21 - 3 双电桥的正确接线

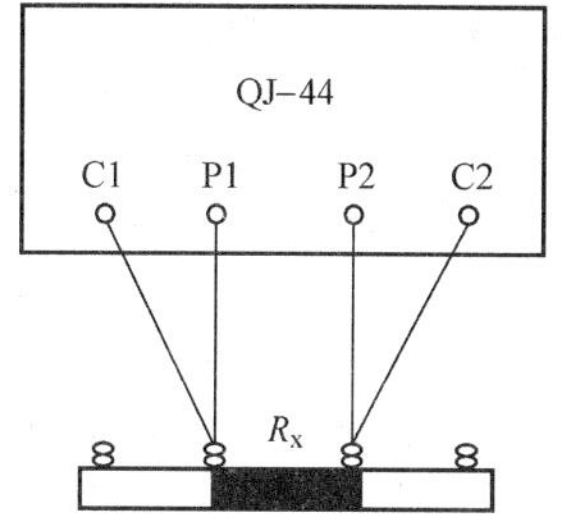

图 21 - 4 双电桥的错误接线

(3) 测量数据记录于表 21 - 2 中。

表 21 - 2 **测量数据记录表 2**

接线情况	比率臂读数	比较臂读数		测量值 R_x
		步进开关的读数	滑线读数盘的读数	
正确接线				
错误接线				

五、预习思考题

(1) 单臂电桥和双臂电桥的准确度为什么较高?

(2) 双臂电桥的测量结果中为什么可以去除接线电阻和接触电阻?

六、问题与心得

(1) 根据测量时记录的数据算出测量值的大小。

(2) 在什么情况下，必须应先按 SB1 再按 SB2 按钮；松开时，先松 SB1 再松 SB2，说明原因?

(3) 双臂电桥错误接线时的测量数据中包含了什么电阻?

(4) 心得体会。

实验二十二　万能电桥的使用

一、实验目的

熟悉万能电桥的面板结构，掌握其使用方法及注意事项。

二、实验相关知识

（1）万能电桥的用途：用于测量电阻、电容、电感、电感线圈的品质因数、电容的介质损耗。

（2）电感线圈的品质因数 Q，是指它的感抗 ωL 和电阻 R 的比值，即 $Q=\frac{\omega L}{R}$。由于线圈通常有电阻，所以有功率损耗。Q 值越大，损耗越小，Q 值越小，损耗越大。

（3）电容器的介质损耗因数 D，是指其介质损耗角的正切 $\tan\delta$。由于电容器存在介质损耗，所以其电流和电压的相位差角不是 90°，而是比 90° 小 δ 角，这个 δ 角就叫做介质损耗角。一个实际电容可以用一个理想电容 C 和电阻 R 串联的等值电路来表示。其等值电路和相量图如图 22-1 所示。

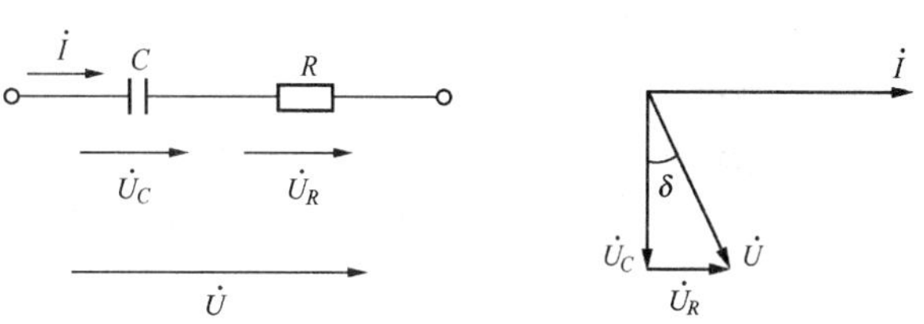

图 22-1　实际电容的等值电路和相量图

三、实验设备

序号	名　　称	型号与规格	数　　量	备　　注
1	交流电桥	QS-18A 型	1	
2	中值电阻	几欧～几千欧	若干	
3	电容		若干	
4	电感线圈		1	

四、实验内容

（一）电阻的测量

1. 实验步骤

（1）估计一下被测电阻的大小，置测量选择开关于适当的位置。若估计值小于 10Ω，就选“$R\leqslant 10$”挡；若估值大于 10Ω，就选“$R>10$”挡。

（2）将量程开关置于适当位置。若测量选择开关置于“$R\leqslant 10$”挡，量程开关应置于 1Ω 或 10Ω 的位置；若测量选择开关置于“$R>10$”挡，量程开关应置于 100Ω～10MΩ 的位置。

（3）调节灵敏度，使电表的指针偏转略小于满刻度，再调节步进开关和滑线读数盘，使电表指针往零方向偏转，当指针接近零刻度时，调高灵敏度，再调滑线读数盘使指针接近零刻度，直到灵敏度最高且指针基本指在零位时，电桥就达到平衡，此时读取步进开关和滑线读数盘的读数，二者相加再乘于量程开关的读数，即为被测电阻的大小，即

被测量 R_x = 量程开关的指示值×(步进开关的读数+滑线读数盘的读数)

2. 测量内容

分别测量几欧、几十欧、几百欧、几千欧的电阻，平衡时读取量程开关的指示值、步进开关的读数、滑线读数盘的读数记录于表 22-1 中。

表 22-1　　测量数据记录表1

测量范围	量程开关读数	步进开关读数	滑线读数盘的读数	测量值 R_x
几欧				
几十欧				
几百欧				
几千欧				

（二）电容的测量

1. 实验步骤

(1) 旋动测量选择开关放在 C 位置上。估计一下被测电容的大小，然后旋动量程开关放在合适的量程上。例如被测电容为 500pF 左右的电容器，则量程开关应放在 1000pF 位置上。

(2) 选择损耗倍率，一般电容选择 $D\times0.01$，大电解电容选择 $D\times1$，损耗平衡盘放在1左右，损耗微调逆时针旋到底；将灵敏度逐步增大，使电表的指针偏转略小于满刻度即可。

(3) 首先调节电桥的读数盘（即步进开关和滑线读数盘），然后调节损耗平衡盘，并观察电表的动向，使电表指零，然后再将灵敏度增大到小于满度，反复调节电桥的读数盘和损耗平衡盘，直至灵敏度开到足够满足分辨出测量精度的要求，电表仍指零或接近于零，此时电桥平衡，则

被测量 C_x=量程开关的指示值×（步进开关的读数+滑线读数盘的读数）

被测量 D_x=损耗倍率指示值×损耗平衡盘指示值

说明：1）如果损耗倍率放在 Q 值位置，电桥平衡时 $D=1/Q$。

2）如果电容器的电容不知是多少，可按如下的方法进行测量：①把测量选择开关放在 C 位置上，损耗倍率开关置于 $D\times0.01$（一般电容）或 $D\times1$（大电解电容）位置上，损耗平衡盘放在1左右，损耗微调逆时针旋到底。②把量程开关指在 100pF 位置。③把“读数”的步进开关指在“0”位，滑线读数盘旋至 0.05 左右。④旋转灵敏度旋钮逐步增大，使电表的指针指在 30μA 左右。⑤旋动量程开关由 100pF 开始 100pF…1000μF 逐挡变换量程，同时观察电表的动向，看变到哪一挡时指针的指示最小，此时就把量程开关停留不动，在旋动滑线读数盘使电表更加指零。⑥再将灵敏度增大，此时指针小于满刻度，分别调节滑线读数盘和损耗平衡盘使指针指零或接近于零，此时读量程开关的指示值和滑线读数盘的数值就可以粗略地估计出被测量的大小。⑦再根据前述方法适当选择好量程位置和读数盘的位置进行精细测量。

2. 测量内容

分别测量几个电容，平衡时读取量程开关的指示值、步进开关的读数、滑线读数盘的读数记录于表 22-2 中。

表 22-2　　**测量数据记录表2**

测量范围	量程开关读数	步进开关读数	滑线读数盘的读数	测量值 C_x

（三）电感的测量

1. 实验步骤

（1）旋动测量选择开关放在 L 位置上。估计一下被测电感的大小，然后旋动量程开关放在合适的量程上。例如被测电容为 100mH 左右的电容器，则量程开关应放在 100mH 位置上。

（2）选择损耗倍率，一般空心电感选择 $Q\times1$，高 Q 滤波线圈时选择 $D\times0.01$，在测量叠片铁芯电感线圈时选择 $D\times1$，损耗平衡盘放在 1 左右，损耗微调逆时针旋到底；将灵敏度逐步增大，使电表的指针偏转略小于满刻度即可。

（3）首先调节电桥的读数盘（即步进开关和滑线读数盘），再调节损耗平衡盘，并观察电表的动向，使电表指零，然后再将灵敏度增大到小于满度，反复调节电桥的读数盘和损耗平衡盘，直至灵敏度开到足够满足分辨出测量精度的要求，电表仍指零或接近于零，此时电桥平衡，则

$$\text{被测量 } L_x = \text{量程开关的指示值} \times (\text{步进开关的读数} + \text{滑线读数盘的读数})$$

$$\text{被测量 } Q_x = \text{损耗倍率指示值} \times \text{损耗平衡盘指示值}$$

说明：1）如果损耗倍率放在 D 位置，电桥平衡时 $Q=1/D$。

2）如果电感的电感量不其大小，可按如下的方法进行测量：①把测量选择开关放在 L 位置上，损耗倍率开关置于 $Q\times1$（一般空芯线圈），测量高 Q 值滤波线圈时损耗倍率放在 $D\times0.01$ 位置上，测量叠片铁芯电感损耗倍率放在 $D\times1$ 位置，损耗平衡盘放在 1 左右，损耗微调逆时针旋到底。②把量程开关指在 10μH 左右。③把“读数”的步进开关指在 0 位，滑线读数盘旋至 0.05 左右。④旋转灵敏度旋钮逐步增大，使电表的指针指在 30μA 左右。⑤旋动量程开关由 10μH 开始 100μH…1000H 逐挡变换量程，同时观察电表的动向，看变到哪一挡时指针的指示最小，此时就把量程开关停留不动，在旋动滑线读数盘使电表更加指零。⑥再将灵敏度增大，此时指针小于满刻度，分别调节滑线读数盘和损耗平衡盘使指针指零或接近于零，此时读量程开关的指示值和滑线读数盘的数值就可以粗略地估计出被测量的大小。⑦再根据前述方法适当选择好量程位置和读数盘的位置进行精细测量。

2. 测量内容

分别测量几个电感，平衡时读取量程开关的指示值、步进开关的读数、滑线读数盘的读数记录于表 22-3 中。

表 22-3　　**测量数据记录表3**

测量范围	量程开关读数	步进开关读数	滑线读数盘的读数	测量值 L_x

五、注意事项

（1）测量开始时，灵敏度旋钮勿旋至最大。

（2）实验完毕后应将测量选择开关置于“关”的位置，拨动开关置于“外”的位置。

六、预习与思考题

（1）万能电桥的用途是什么？

（2）万能电桥的电路是如何构成的？

七、问题与心得

（1）根据各表中的测量数据算出测量值的大小。

（2）心得体会。

实验二十三　万用表的使用

一、实验目的

熟悉模拟式万用表和数字式万用表的面板结构，掌握其使用方法及注意事项。

二、实验相关知识

（1）万用表又叫万能表，可以测量直流电压、直流电流、交流电压、直流电阻和音频电平，有的万用表还可以测量交流电流、电容、电感及晶体管的参数等。

（2）用模拟式万用表的电阻挡判断电容的好坏是基于电容上的电压不能突变的原理。当在已放完电的电容上加上一个直流电压时，电源开始对电容充电。充电开始的一瞬间，电容相当于短路，充电电流最大，充电结束时，如果电容的介质没有漏电，电容相当于开路，充电电流为零。但是一般电容都有一些漏电，所以充电结束时，电容的电阻不是无穷大，电路中仍维持着一个较小的漏电电流。如果一个电容加上直流电压后，其充电电流为0，说明电容开路；如果其充电电流一直没有衰减，说明电容短路。另外充电时最大电流的大小与电容的大小有关，电容越大电流越大，所以可以根据表计指针偏转的大小判断电容的大小。另外充电时间的长短与充电电路中电阻值和电容值的乘积（即时间常数）成正比，如果电路中的电阻一定，电容越大充电时间越长，也可以以此判断电容的大小。

（3）用万用表判断二极管的管脚，依据的是二极管的单向导电性的原理。二极管加正向电压时电阻较小，加反向电压时电阻较大，所以通过测量其电阻的大小就可以确定二极管的管脚。

三、实验设备

序号	名　　称	型号与规格	数　　量	备　　注
1	模拟式万用表	MF-30型或其他	1	另附
2	数字式万用表		1	另附
3	基尔霍夫/叠加原理电路板		1	DG05
4	中值电阻		4	DG09
5	二极管		1	DG09
6	电容	1、2.2、4.7μF	3	DG09
7	电容		4	另附

四、实验内容

（1）在 DG05 挂箱上找到如图 23 - 1 所示的基尔霍夫/叠加原理电路板，在 U_1 处接入 12V 电压源，S2 合向短路侧，S3 合向 330Ω 侧。

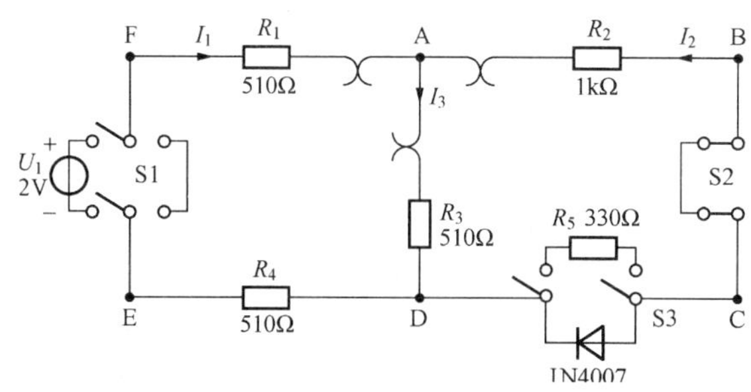

图 23 - 1　基尔霍夫/叠加原理

（2）用模拟式和数字式万用表的直流电压挡适当挡位分别测量表 23 - 1、表 23 - 2 中所列两点之间的电压，记录于其中，验证回路电压定律是否正确。

表 23 - 1　　模拟式万用表测量数据 1

回路名称	测量值（V）				ΣU
FADEF 回路	$U_{FA}=$	$U_{AD}=$	$U_{DE}=$	$U_1=$	
ABCDA 回路	$U_{AC}=$	$U_{CD}=$	$U_{DA}=$		

表 23 - 2　　数字式万用表测量数据 1

回路名称	测量值（V）				ΣU
FADEF 回路	$U_{FA}=$	$U_{AD}=$	$U_{DE}=$	$U_1=$	
ABCDA 回路	$U_{AC}=$	$U_{CD}=$	$U_{DA}=$		

（3）用直流电流挡适当挡位测量 I_2 记录下来。模拟表 $I_2=$_______________，数字表 $I_2=$____________。

（4）用交流电压挡（模拟表采用 500V 挡，数字表用 750V 挡）测量 DG01 电源控制屏上电网输入端的各相电压和线电压记录于表 23 - 3、表 23 - 4 中。

表 23 - 3　　模拟式万用表测量数据 2

参数	测量值（V）		
相电压	$U_A=$	$U_B=$	$U_C=$
线电压	$U_{AB}=$	$U_{BC}=$	$U_{CA}=$

表 23 - 4　　数字式万用表测量数据 2

参数	测量值（V）		
相电压	$U_A=$	$U_B=$	$U_C=$
线电压	$U_{AB}=$	$U_{BC}=$	$U_{CA}=$

（5）用模拟万用表和数字万用表合适的电阻挡分别测量四个电阻的阻值记录于表 23-5 中。

表 23-5　测量数据记录表 1

测量数据	R_1	R_2	R_3	R_4
模拟表测量数据				
数字表测量数据				

（6）用数字万用表测量电容的大小。将转换开关置于任意电容挡，将被测电容插入左下角侧的电容输入插孔，电解电容要注意极性（左正右负）。如果选择的量程小，就只显示“1”；如果量程太大，数据的有效数字的位数太少，测量值不准确。测量数据记录于表 23-6 中。

表 23-6　测量数据记录表 2

测量数据	C_1	C_2	C_3	C_4
数字表测量数据				

（7）用模拟式万用表判断电容的好坏。将转换开关置于 R×1k 或 R×10k 电阻挡，用两表笔分别接触电容器的两端（若测量电解电容时，黑表笔应接触电容的“＋”极，红表笔应接触电容的“－”极），如果万用表的指针先很快按顺时针方向（$R=0$ 方向）偏转至一个最大角度，然后又按逆时针方向逐渐退回到原处（$R=\infty$处），说明电容是好的；如果指针退不到“∞”位置，则说明电容有漏电阻，一般电容的漏电电阻为几十兆欧到几百兆欧，电解电容的漏电电阻较小为几兆欧。如果漏电电阻较小说明该电容漏电严重，不能使用。如果两表笔分别接触电容器的两端时指针不动，说明电容开路；如果指针摆动至最大角度后不再返回，说明电容短路。

（8）用万用表测量二极管的极性及好坏。

1）模拟万用表：选用万用表的 R×100 或 R×1k 挡，将万用表的两表笔分别接触二极管的两端，分别测出其正向电阻和反向电阻。若测出的电阻在几百欧到几千欧范围内（对于锗管大约在 100～1kΩ）说明是正向电阻，这时黑表笔接的是二极管的正极，红表笔接的是其负极。若测出的电阻在几十千欧到几百千欧甚至以上，则为反向电阻，这时黑表笔接的是二极管的负极，红表笔接的是其正极。正反向电阻记录于表 23-7 中。

2）数字万用表：将万用表的转换开关旋至测量二极管的位置，黑表笔插入 COM 插孔，红表笔插入 V/Ω 插孔，将两表笔分别接触二极管两端，当二极管正向导通时对于锗管若显示为 150～300mV，对于硅管若显示为 550～700mV，则说明红表笔接的是二极管的正极，黑表笔接的是二极管的负极；若二极管反向截止时，则显示“1”，此时红表笔接的是二极管的负极，黑表笔接的是二极管的正极。正反向电阻记录于表 23-7 中。

无论是用模拟万用表还是用数字万用表测量，若测得的二极管的正反向电阻相差很大，说明二极管的性能越好；若相差不多，说明二极管的性能较差；若正反向电阻都为零或无穷大，说明二极管已损坏。

表 23-7　测量数据记录表 3

测量数据	正向电阻	反向电阻
模拟表测量数据		
数字表测量数据		

五、实验注意事项

1. 模拟式万用表的注意事项

(1) 用电阻挡测量电阻时，测量前必须调零，更换量程后也要调零。

(2) 严禁带电测量电阻。

(3) 测高值电阻时不要用两手接触电阻的两端，以免造成测量误差。

(4) 用电阻挡测量有极性的元件时，注意万用表的黑表笔对应内部电源的正极性端，红表笔对应其负极性端。

(5) 对于大小不祥的被测电流和电压，应先选择最高量程挡，然后根据显示结果再选择合适的量程。

(6) 测量较大的电流和电压时，勿带电拨动转换开关。

(7) 测量完毕应将转换开关旋至交流电压最大挡或空挡上。

2. 数字式万用表的注意事项

(1) 电阻挡红表笔对应内部电源的正极性端，黑表笔对应其负极性端。

(2) 测量前应核对量程转换开关的位置和两表笔所接入插孔与实际测量值的大小是否相符，无误后再进行测量。

(3) 在测量时若仅在高位显示数字“1”，说明仪表已过载或量程小，应选用更大的量程；若显示的有效数字的位数太少，说明量程太大，应选择小一点的量程测量，使得显示的数值的有效位数越多测量值越准确。

(4) 在表笔插孔旁边都注明了电压或电流的极限值，一旦超出就会损坏仪表，甚至危害操作者的安全。

(5) 测量较大的电流和电压时，勿带电拨动转换开关。

(6) 测量完毕应将转换开关旋至交流电压最大挡上。

六、预习思考题

(1) 模拟式万用表和数字式万用表的结构是怎样的?

(2) 模拟式万用表和数字式万用表各挡的原理是什么?

(3) 模拟式万用表和数字式万用表的使用方法和注意事项是什么?

七、问题与心得

(1) 用万用表测量电阻时的注意事项是什么?

(2) 如何判断电容的好坏?

(3) 如何判断二极管的极性和好坏?

(4) 心得体会。

实验二十四 单相电能表的校验和误接线

一、实验目的

(1) 掌握单相电能表的接线方法。

(2) 学会电能表的校验方法。

(3) 观察单相电能表错误接线时产生的现象。

(4) 知道什么是潜动及对潜动的要求。

二、实验相关知识

（1）电能表的原理：感应式电能表主要由驱动元件、转动元件、制动元件和积算机构四大部件构成。当单相电能表工作时，电压和电流都会在铁芯中产生交变磁通。交变的电压磁通和电流磁通穿过铝盘时会在铝盘上产生涡流。彼此的涡流和磁通相互作用产生电磁力矩使铝盘转动。同时铝盘切割制动元件（永久磁铁）的磁力线产生制动力矩，当制动力矩与转动力矩相等时，铝盘作匀速转动，铝盘的转速与负载的功率成正比，在一段时间内负载所消耗的电能 W 就与铝盘的转数 N 成正比，即 $C=\frac{N}{W}$。比例系数 C 称为电能表常数，常在电能表的铭牌上标明，其单位是 r/kWh。电能表就是通过在一段时间内积算铝盘的转数来计量电能的。

（2）电能表的潜动：是指负载电流等于零时，电能表仍出现缓慢转动的现象。按照规定，无负载电流时，在电能表的电压线圈上施加其额定电压的 110%（达 242V）时，观察其铝盘的转动是否超过一圈，凡超过一圈者，判为潜动不合格。

（3）电能表的校验方法通常有两种，一种是标准表法，一种是功率表—秒表法。

1）标准表法将被校电能表与标准电能表直接比较，从而确定被校表的误差。校验时将被校表与标准电能表同时接入同一电路，在同一负载下，比较两表在同一时间内铝盘的转数，从而计算出被校表的相对误差。如果被校表的转数为 n_x（当被校电能表的常数与标准电能表的常数不相等时，还需将测量的转数进行折算），标准表的转数为 n_0，则电能表的相对误差为

$$\gamma=\frac{n_x-n_0}{n_0}\times 100\%$$

2）功率表—秒表法将一块标准的功率表接入被校电能表电路，用功率表测出电能表所测负载的功率 P，用秒表测量出电能表铝盘转 N 转所需要的时间 t，然后就可以通过以下过程计算出电能表的误差。

先根据 P 和电能表常数 C 计算出铝盘转 N 转所需要的理论时间 T（单位为 s）

$$T=3600\times\frac{N}{CP}$$

然后用 $\gamma=\frac{T-t}{t}\times 100\%$ 计算出电能表的误差。再与电能表的准确度等级相比较，看是否合格。

（4）国产电能表的接线一般遵照“相线 1 进 2 出，零线 3 进 4 出”的接线原则。

（5）单相电能表的错误接线一般有“相、零对调”、“将电流线圈接反”等，其中“相、零对调”时如果用户不将负载的一端接地，也不会影响电能表的正确计量。但是如果用户将负载的一端接地，电能表就会不计或少计电能。将“电流线圈接反”，电能表会反转。

三、实验设备

序号	名　称	型号与规格	数　量	备　注
1	电能表	1.5（6）A	1	另附
2	单相功率表		1	D34
3	交流电压表	0～500V	1	D33
4	交流电流表	0～5A	1	D32
5	自耦调压器		1	DG01
6	灯排	220V、15W	9	DG08
7	秒表		1	DG01

四、实验电路

实验电路如图 24-1 所示。

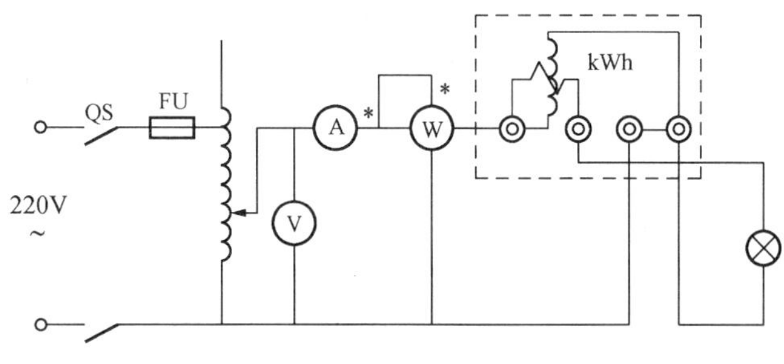

图 24-1　实验电路

五、实验步骤

1. 用功率表—秒表法校验电能表的准确度

(1) 按图 24-1 接线，检查三相调压器的输出是否在零位（即逆时针旋到底）。

(2) 经指导教师检查后开启电源，调节调压器的输出，使电压表读数为 220V。

(3) 测量铝盘转 20r 所需要的时间。为了准确起见，重复测量三次，并将功率表的读数、转数、测得的时间、电能表常数和准确度一并记录于表 24-1 中。

(4) 测量完毕，将调压器回归零位，关掉电源。

表 24-1　　测 量 数 据 记 录 表

次数	记录数据					计　算　值		
	电能表常数 C	准确度	P(kW)	转数 N(r)	实际时间 t(s)	理论时间 T(s)	相对误差 γ	相对误差的平均值
1								
2								
3								

2. 将电能表的电流线圈接反

将电能表的 1、2 端子上的接线对调，重新启动电源，调调压器输出电压为 220V，观察铝盘的转动情况。

3. 检查电能表的潜动是否合格

断开电能表的电流线圈回路，调节调压器的输出电压为额定电压的 110%（即 242V），仔细观察电能表的转盘有否转动。一般允许有缓慢地转动。若转动不超过一圈即停止，则该电能表的潜动为合格，反之则不合格。

实验前应使电能表转盘的着色标记处于可看见的位置。由于“潜动”非常缓慢，要观察正常的电能表“潜动”是否超过一圈，需要 1h 以上。

六、实验注意事项

(1) 本实验台配有一只电能表，实验时，只要将电能表挂在 DG08 挂箱上的相应位置，并用螺母紧固即可。

(2) 记录时，同组同学要密切配合，以便读取转数和秒表的时间步调要一致，以确保测量的准确性。

(3) 实验中用到220V电压，操作时应遵守安全操作规则。凡需改动接线，必须切断电源，接好线检查无误后方能通电。

七、预习思考题

(1) 单相电能表由哪些部件构成？各部件的作用是什么？

(2) 单相电能表的工作原理是什么？

(3) 单相电能表的校验方法有哪些？

(4) 电能表有哪些错误接线？它们会造成什么后果？

八、问题与心得

(1) 完成表24-1中的数据计算。

(2) 在实验中，将电能表的1、2端子上的接线对调时会出现什么现象？

(3) 你所校验的电能表有潜动吗？

(4) 心得体会。

第四部分 设计性实验

实验二十五 叠加原理的验证

一、实验目的

(1) 根据对叠加原理的理解，设计实验电路，验证叠加原理的正确性，加深对线性电路的叠加性和齐次性的认识和理解。

(2) 通过实验过程的设计提高学生的认识问题、解决问题的能力。

二、实验相关知识

叠加原理指出：有两个或两个以上电源共同作用的线性电路中，每一个元件上的电流或其两端的电压，都可以看成是每一个电源单独作用时在该元件上所产生的电流或电压的代数和。

线性电路的齐次性是指当激励信号（某独立源的值）增加或减小 K 倍时，电路的响应（即在电路中各电阻元件上所建立的电流和电压值）也将增加或减小 K 倍。

三、实验设备

选定实验设备，并填入表中。

序号	名 称	型号与规格	数 量	备 注
1				
2				
3				
4				
5				
6				
7				
8				

四、实验内容

设计实验电路和步骤验证线性电路的叠加原理和齐次性。

五、实验要求

(1) 实验电路设计为两个独立网孔。

(2) 电路中要求有 2～3 个电源，电压源的电压在 6～15V 之间，电流源的电流在 6～15mA 之间。

(3) 有 5 个电阻供选择，分别为 51Ω、200Ω、510Ω、1kΩ、2kΩ。

(4) 画出电路图，在图中正确标注各元件的参数、电源的极性以及所测电流和电压的正方向。

(5) 设计实验步骤。

(6) 估计电路中的电压和电流的大小，选择合适的电流表和电压表的量程。

（7）记录实验设备的情况于设备表中。

（8）正确连接电路。

（9）根据所设计的实验步骤测量某一支路中的电流和电压。

（10）合理设计实验表格，将测量数据分别填入相应的表格中。

（11）实验报告的格式应按通常实验报告的要求去写。

六、预习思考题

（1）在叠加原理实验中，一个电源单独作用另一个电源应如何操作？电压源置零时可否将其短接？

（2）实验电路中，若将一个电阻器改为二极管，试问叠加原理的叠加性与齐次性还成立吗？为什么？

七、问题与心得

（1）根据实验数据，进行分析、比较、归纳，总结实验结论。

（2）电阻所消耗的功率能否用叠加原理计算得出？试挑选两组实验数据，进行计算并作结论。

（3）在实验中，一个电源单独作用时，其他电源应如何处理？

实验二十六　戴维南定理和诺顿定理的验证

一、实验目的

（1）通过实验，加深对戴维南定理和诺顿定理的理解。

（2）学会测量有源二端网络等效参数的方法。

（3）通过对实验过程的设计，提高学生认识问题、解决问题的能力。

二、实验相关知识

（1）任何一个线性含源网络，如果仅研究其中一条支路的电压和电流，则可将电路的其余部分看作是一个有源二端网络（或称为含源一端口网络），如图 26－1（a）所示。

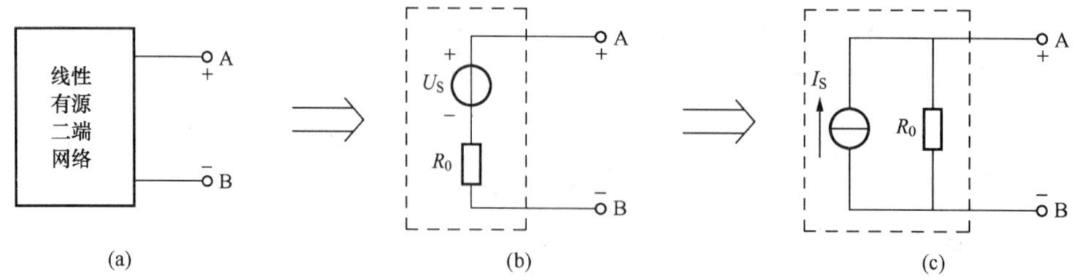

图 26－1　实验电路

（a）含源二端网络；（b）戴维南等效电路；（c）诺顿等效电路

（2）戴维南定理指出：任何一个线性有源二端网络，总可以用一个理想电压源与一个电阻的串联的电路模型来等效代替，如图 26－1（b）所示。该理想电压源的电压 U_S 等于这个有源二端网络的开路电压 U_{OC}，其等效内阻 R_0 等于该网络中所有独立源均置零（理想电压源视为短接，理想电流源视为开路）时的等效电阻。

（3）诺顿定理指出：任何一个线性有源二端网络，总可以用一个理想电流源与一个电阻的并联的电路模型来等效代替，如图 26 - 1（c）所示。该理想电流源的电流 I_S 等于这个有源二端网络的短路电流 I_{SC}，其等效内阻 R_0 等于该网络中所有独立源均置零（理想电压源视为短接，理想电流源视为开路）时的等效电阻。

$U_{OC}(U_S)$ 和 R_0 或者 $I_{SC}(I_S)$ 和 R_0 称为有源二端网络的等效参数。

（4）有源二端网络等效内阻 R_0 的测量方法：

1）开路、短路法测 R_0：在有源二端网络输出端开路时，用电压表直接测其输出端的开路电压 U_{OC}，然后再将其输出端短路，用电流表测其短路电流 I_{SC}，则

$$R_0 = \frac{U_{OC}}{I_{SC}}$$

如果二端网络的内阻很小，若将其输出端口短路则易损坏其内部元件，不宜用此法。

2）伏安法测 R_0：将二端网络内所有的电源置零，在端口上加一个外接电源，用电压表测出其外接电源的电压 U，用电流表测出端口处流过的电流 I，则 $R_0=\frac{U}{I}$。

三、实验设备

选定实验设备并填入表中。

序号	名　　称	型号与规格	数　　量	备　　注
1				
2				
3				
4				
5				
6				
7				

四、实验内容

给出一个线性含源二端网络，电路如图 26 - 2 所示。设计出实验方法和步骤验证戴维南定理和诺顿定理正确性的。

五、设计要求

（1）设计合理的实验步骤验证戴维南定理和诺顿定理的正确性。

（2）估计电路中的电压和电流以选择合适的量程。

（3）正确地连接实验电路，特别是等效电路。

（4）实验过程中所有的实验数据包括等效电路的各参数都是通过测量得到的，而不是通过理论计算得到。

（5）伏安法测电阻时，外接电源的电压在 6～12V 之间。

（6）合理设计不同的实验表格，将测量数据分别填入相应的表格中。

（7）记录实验设备的情况于设备表中。

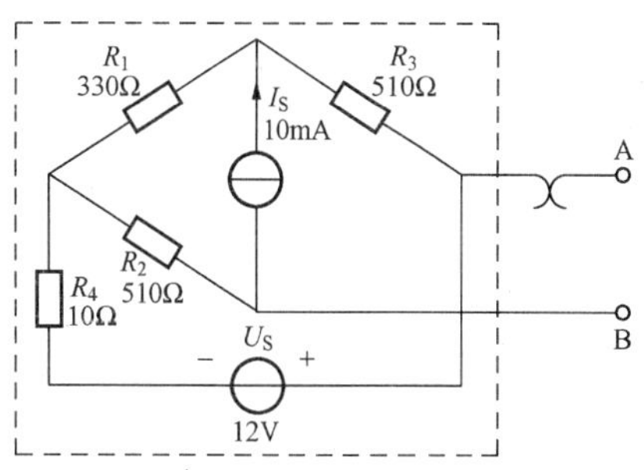

图 26 - 2　线性含源二端网络

（8）实验报告的格式应按通常实验报告的要求去写。

六、实验注意事项

（1）正确选择仪表的量程，若不能估计表计的量程应先从最大挡试起。

（2）电压源置零时切勿直接将稳压源短接。

（3）改接线路时，要关掉电源。

七、预习思考题

（1）戴维南定理和诺顿定理的内容是什么？

（2）测量有源二端网络等效内阻有几种方法？

八、问题与心得

（1）通过实验数据，从中得出什么结论？

（2）在用伏安法测量内阻时，二端网络内的电源端是如何处理的？

（3）心得体会。

实验二十七　磁电系仪表量程的扩大

一、实验目的

（1）通过设计实验的过程，培养学生自主解决问题的能力。

（2）知道磁电系电流表、电压表量程扩大的方法。

（3）掌握分流电阻和附加电阻的计算方法，并验证其正确性。

二、实验相关知识

（1）用于扩大量程的磁电系测量机构或磁电系电流表就叫做“基本表”或“表头”，它有两个重要的参数：一个是内阻 r_0，一个是满偏电流 I_0。

（2）已知内阻 r_0、满偏电流 I_0 两个参数后，若将此表头扩大成量程为 I 的电流表，就需并联分流电阻 R_S，电路如图 27－1 所示，分流电阻的计算公式为

$$R_S = \frac{r_0}{n-1} \qquad \text{其中 } n = \frac{I}{I_0}$$

（3）若将此表头扩大成量限为 U 的电压表，就需串联附加电阻 R_d，电路如图 27－2 所示，附加电阻的计算公式为

$$R_d = \frac{U}{I_0} - r_0$$

或

$$R_d = (m-1)r_0$$

其中

$$m = \frac{U}{U_0} = \frac{U}{I_0 r_0}$$

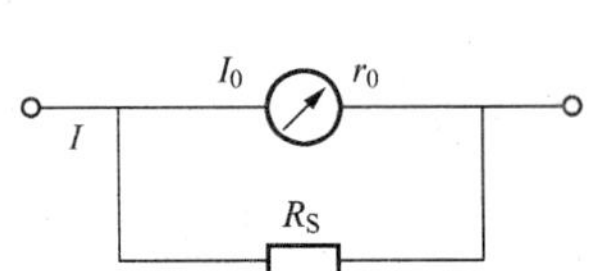

图 27－1　磁电系电流表电路

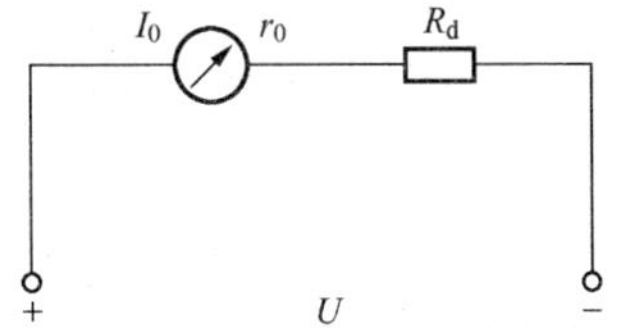

图 27－2　磁电系电压表电路

三、实验设备

选定实验设备并填入表中。

序号	名　　称	型号与规格	数　　量	备　　注
1				
2				
3				
4				
5				
6				
7				
8				

四、实验内容

有一个磁电系基本表，不知其参数。

(1) 设计实验电路，测量出基本表的满偏电流 I_0 和内阻 r_0。

(2) 若将其做成 5mA 和 10mA 的单量限的电流表，应如何计算分流电阻和接线？设计实验电路验证计算结果正确性。

(3) 若将其做成 10V 和 20V 的单量限的电压表，应如何计算附加电阻和接线？设计实验电路验证计算结果的正确性。

五、实验要求

(1) 根据实验内容设计实验步骤和实验电路。

(2) 测量基本表的电流和检验扩大量程之后的电流表时，所用电源均为电流源；检验扩大量程之后的电压表时，所用电源为电压源。

(3) 计算分流电阻或附加电阻时要尽量准确，基本表读数时应在指针与其在镜子中的影子重合时读数才准确。

(4) 分流电阻和附加电阻都可以用电阻箱来代替。

(5) 量程的选择要正确。

(6) 记录实验设备于设备表中。

(7) 实验报告的格式应按通常实验报告的要求去写。

六、实验注意事项

(1) 计算和接线完毕应主动找老师进行检查，以免误接线损坏表头。

(2) 电压源和电流源在使用之前一定归零。

(3) 测量基本表的满偏电流时电流源用 2mA 挡。

七、预习思考题

(1) 表头有几个重要参数，它在扩大量程中作用是什么？

(2) 分流电阻和附加电阻的计算公式是什么？

八、问题与心得

(1) 你测出的基本表的参数是多少？

(2) 详细写出本实验中计算分流电阻和附加电阻的过程。

(3) 心得体会。

参 考 文 献

[1] 程隆贵．电路基础．北京：中国电力出版社，2006.
[2] 贺令辉．电工仪表与测量．北京：中国电力出版社，2006.
[3] 张洪让．电工基础．4 版．北京：人民教育出版社，1982.
[4] 周南星．电工测量及实验．7 版．北京：中国电力出版社，1998.
[5] 陈正岳．电工基础．7 版．北京：中国电力出版社，1998.